普通高等教育规划教材

趣味化学实验

霍冀川　胡文远　主编

化学工业出版社

·北京·

内容简介

《趣味化学实验》（第二版）是为理学、工学、农学、医学、法学、教育学、管理学、文学等各个学科的相关专业已经具备中学基本化学知识的大学生编写的教材。全书共分为四章：第一章为绪论，介绍化学实验室与化学实验相关的一些基本知识，包括实验室安全和废物处理、常用实验器具和分析测试仪器、实验误差及数据处理、绿色化学简介与双碳目标以及化学信息资源等；第二章为化学实验基本操作及技术，对化学实验的基本操作进行了介绍，并配备了相应的基本操作实验；第三章为趣味化学实验，共收录了31个实验；第四章为趣味化学文献设计实验，编写了10个供参考和选择的文献设计实验，每个实验都进行了背景知识介绍并提出目的与要求。

《趣味化学实验》（第二版）贴近生活，注重趣味性、知识性、实用性、科学性、创新性和绿色化的结合，适合作为大学生素质教育和动手能力培养的教材，也可供化学爱好者参考。

图书在版编目（CIP）数据

趣味化学实验/霍冀川，胡文远主编．—2版．—北京：化学工业出版社，2022.9（2025.2重印）

普通高等教育规划教材

ISBN 978-7-122-41914-9

Ⅰ.①趣… Ⅱ.①霍…②胡… Ⅲ.①化学实验-高等学校-教材 Ⅳ.①O6-3

中国版本图书馆CIP数据核字（2022）第137889号

责任编辑：刘俊之　汪　靓　　　装帧设计：韩　飞

责任校对：宋　玮

出版发行：化学工业出版社（北京市东城区青年湖南街13号　邮政编码100011）

印　　装：北京科印技术咨询服务有限公司数码印刷分部

787mm×1092mm　1/16　印张 9¼　彩插1　字数230千字　2025年2月北京第2版第2次印刷

购书咨询：010-64518888　　　售后服务：010-64518899

网　　址：http://www.cip.com.cn

凡购买本书，如有缺损质量问题，本社销售中心负责调换。

定　　价：29.00元

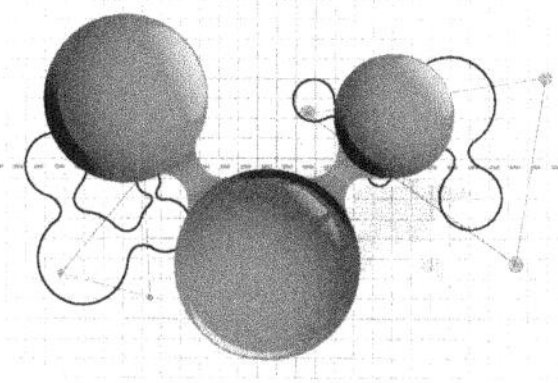

《趣味化学实验》（第二版）编写人员

主　　编　霍冀川　胡文远

副 主 编　雷　洪　黄鹤燕

编写人员　杨定明　李　娴　何　平

　　　　　　张　欢　胡程耀

前言

随着科技的发展，新的教学内容不断涌现，如双碳背景下面临亟待解决的二氧化碳综合利用，固体废物的资源化利用等。为了适应新的要求，做到与时俱进，编者对《趣味化学实验》进行了修订。考虑到原有内容具有良好的趣味性和实用性，此次修订未对实验内容做大的改动，重点增加了与双碳背景契合的内容，并在内容完善、细节和表述形式上进行了梳理，删减了部分化学实验误差及数据处理中专业性太强的内容。同时，增加了一些能获得具体产品的实验项目，以期激发学生的学习兴趣和热情。此外，对文献设计实验项目也做了一些调整，使其与现实生产生活更贴近。

参加本次修订的有霍冀川（第一章，第三章——实验 10），胡文远（第二章，第三章——实验 26～28，第四章），黄鹤燕（第三章——实验 29～31），雷洪（第三章——实验 11～20），杨定明（第一章——趣味化学实验的目的及学习方法，第三章——实验 6～9），李娴（第一章——常用玻璃仪器、器皿和用具，第三章——实验 1～5，附录），何平（第一章——现代分析测试仪器简介，化学信息资源），张欢（第一章——化学实验室学生守则及安全守则，化学实验的误差及数据处理），胡程耀（第三章——实验 21～25）。全书由霍冀川、胡文远、黄鹤燕统稿。

由于编者水平和经验有限，书中难免会有不妥、疏漏之处，敬请读者批评指正。

编者

2022 年 5 月

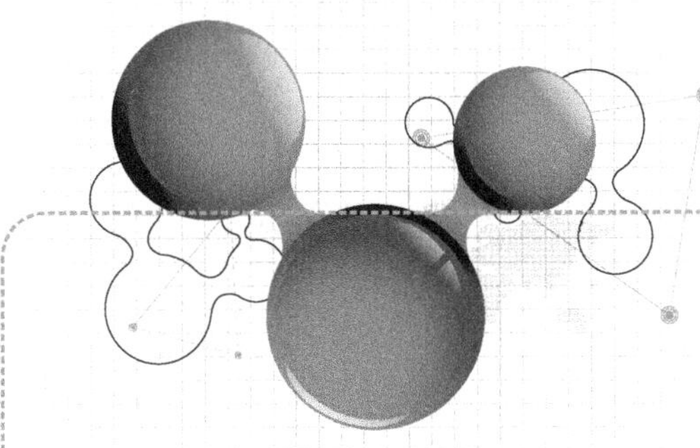

第一版前言

爱因斯坦说："兴趣是最好的老师"，马克思讲："实践出真知"，我们认为：兴趣驱动下的动手过程是能力培养的关键。《趣味化学实验》是针对理学、工学、农学、医学、法学、教育学、管理学、文学等各个学科的相关专业已经具备中学基本化学知识的大学生开设的一门素质教育和能力培养的课程，其内容设计贴近生活，注重趣味性、知识性、实用性、科学性、创新性和绿色化，使学生在轻松愉快的环境中达到学习知识、提高素质和培养能力的目的。全书由绪论、化学实验基本操作及技术、趣味化学实验及趣味化学文献设计实验四章组成。通过绪论部分使学生尽快了解化学实验室基本知识，趣味化学实验的目的及学习方法，常用实验器具和现代分析测试仪器，绿色化学概念以及获取化学信息资源的途径；通过化学实验基本操作实验使学生掌握一些基本的化学实验技能；通过趣味化学实验激发学生的学习兴趣和热情；通过趣味化学文献设计实验让学生认识和体会化学知识在日常生活各个方面的应用，学会运用所学过的化学原理来分析和解释生活、学习中出现的各种化学问题。最终培养学生的动手能力、分析问题和解决问题的能力、总结归纳的能力、查阅文献获得信息的能力、进行初步科学研究的能力和团结协作的精神，适应社会的需要。

参加本教材编写工作的有霍冀川（教材整体设计，第一章——化学实验室学生守则、绿色化学简介，第三章——实验 10，第四章），雷洪（第三章——实验 11～实验 20），杨定明（第一章——趣味化学实验的目的及学习方法，第三章——实验 6～实验 9），李娴（第一章——常用玻璃仪器、器皿和用具，第三章——实验 1～实验 5，附录），何平（第一章——现代分析测试仪器简介，化学信息资源），胡文远（第二章），张欢（第一章——化学实验室意外事故处理，化学实验室三废处理，化学实验室安全规则，化学实验的误差及数据处理），胡程耀（第三章——实验 21～实验 25）。全书由霍冀川、雷洪、张欢统稿。

西南科技大学对本书的编写提供了经费支持，同时本书的出版还得到了化学工业出版社的鼎力相助，我们在此表示衷心的谢意。对于本书中涉及的无法追溯参考引用来源的内容，编者在此一并表示由衷的感谢。

由于编者水平有限，书中难免会有不妥、疏漏之处，敬请读者批评指正。

编者

2013 年 1 月

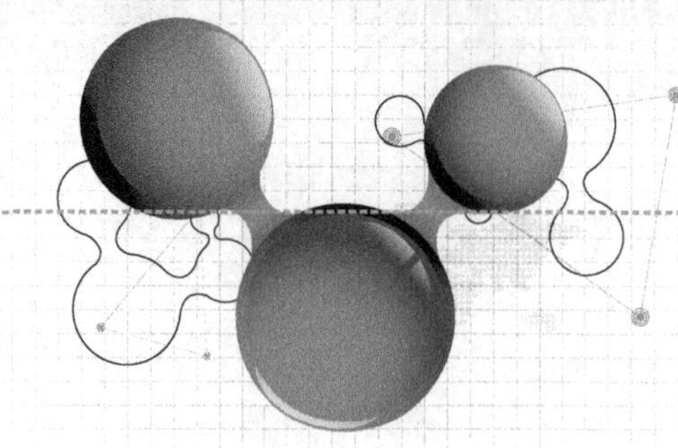

目 录

第三章 趣味化学实验 83

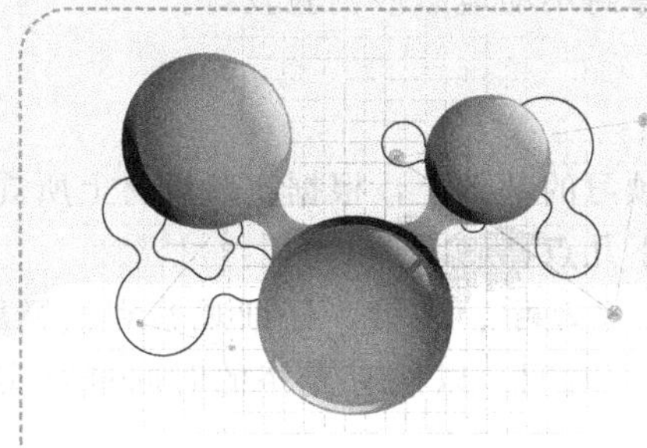

第一章 绪论

一、趣味化学实验的目的及学习方法

化学是一门中心的、实用的和创造性的科学，它与数学、物理等学科共同成为当代自然科学的轴心。化学是一门实验科学，化学实验是实施全面化学教育的一种最有效的教学形式，是化学课程不可缺少的一个重要环节。从广义上来说，化学教育的目的有：

① 培养学生为了将来从事化学方面的职业；

② 把化学作为一种工具提供给普通教育；

③ 让大家认识化学在日常生活中所起的作用。

对于非化学专业的学生来说，当然不是为了从事化学方面的职业，但可以通过趣味化学实验的学习，使学生熟悉化学在个人和职业生活中所起的重要作用；能运用化学的基本原理更理智地思考他们经常会碰到的包括科学和技术性的问题；发展学生关于科学和技术的潜力与局限性的终身意识，并从这个角度去了解和熟悉世界。因此，趣味化学实验课程是为学生提供适当的机会，去讨论、反映科学的概念、原理，并利用它去观察、探索生活、社会乃至科学之问题。

要达到趣味化学实验的目的，不仅要有正确的学习态度，还需要有正确的学习方法。做好趣味化学实验可以从以下几个环节入手。

1. 预习

充分预习是做好实验的保证和前提。本实验课是在教师指导下，由学生独立进行实验，只有充分理解实验原理，明确自己在实验室将要解决哪些问题，怎样去做，为什么这样做，才能主动和有条不紊地进行实验，取得应有的效果，感受到做实验的意义和乐趣。为此，必须做到以下几点：

① 仔细阅读实验教材及其他参考资料的相应内容，明确本实验的目的，熟悉实验内容、有关原理、有关基本操作和仪器的使用，了解实验中的注意事项，初步估计每一反应的预期结果，回答实验思考题。对实验内容要做到胸有成竹，避免盲目地“照方抓药”。学生预习不充分，教师可停止学生实验。

② 合理安排好实验。例如，哪个实验反应时间长或需用干燥的器皿应先做，哪些实验先后顺序可以调动，从而避免等候使用公用仪器而浪费时间等，要做到心里有数。

③ 写出预习报告。内容包括：每项实验的标题（用简练的语言点明实验目的），用反应式、流程图等表明实验步骤，留出合适的位置记录实验现象，或精心设计一个记录实验数据

和实验现象的表格等，做到简明扼要、清晰，切忌原封不动地照抄实验教材。

2. 实验

学生应遵守实验规则，接受教师指导，在充分预习的基础上，根据实验教材上所规定的方法、步骤、试剂用量来进行操作，并应该做到以下几点：

① 实验时要认真正确地操作，正确使用仪器，多动手、动脑。仔细观察和积极思考，及时和如实地做好记录。要善于巧妙安排和充分利用时间，以便有充裕的时间进行实验和思考。

② 记录实验数据最好用表格的形式记录。要实事求是，绝不能拼凑或伪造数据，也不能掺杂主观因素，如果记录数据后发现读错或测错，应将错误数据圈去重写（不要涂改或抹掉），简要注明理由，便于找出原因。

③ 仔细观察实验现象。在实验中观察到的物质的状态和颜色、沉淀的生成和溶解、气体的产生、反应前后温度的变化等都是实验现象。对现象的观察是积极思维的过程，善于透过现象看本质是科学工作者必须具备的素质。

a. 要学会观察和分析变化中的现象。

b. 观察时要善于识别假象。

c. 应该及时和如实地记录实验现象，学会正确描述。

如果实验现象与理论不符时，应首先尊重实验事实。不要忽视实验中的异常现象，更不要因实验的失败而灰心，而应仔细分析其原因，做些有针对性的空白试验或对照试验（即用蒸馏水或已知物代替试液，用同样的方法、在相同条件下进行实验），以利于查清现象的来源，检查所用的试剂是否失效，反应条件是否控制得当等，从中得到有益的科学结论和学习科学思维的方法。

④ 实验中遇到疑难问题，经自己思考分析仍难以解释时，可提请教师解答。

⑤ 在实验过程中应保持肃静，严格遵守实验室工作规则。

⑥ 做完实验，要把实验记录交教师审阅签字后，方能离开实验室。

3. 实验报告

做完实验后，要及时写实验报告，将感性认识上升为理性认识。实验报告要求文字精练、内容确切、书写整洁，应有自己的看法和体会。实验报告内容包括以下几部分：

① 实验名称。物性测定实验还应包括室温、压力等。

② 实验目的。只有明确实验目的和具体要求，才能更好地理解实验操作及其依据，做到胸中有数、有的放矢，达到预期的实验效果。

③ 实验原理。简要地用文字和化学方程式说明，对有特殊装置的实验，应画出实验装置图。

④ 实验步骤。扼要地写出实验步骤，可用框图或流程图形式简要表达。

⑤ 实验记录。如实、及时地做好实验记录是十分重要的，因为这既可训练学生们真实、正确地反映客观事实的能力和培养综合分析问题的能力，又便于检查实验成功和失败的原因，培养实事求是的科学态度和严谨的学风。

⑥ 数据处理。用文字、表格、图形等将实验现象及数据表示出来。根据实验要求、计算公式等写出实验结论，尽可能使记录表格化。

⑦ 问题及讨论。分两方面：一是对实验中的现象、结果或产生的误差等进行分析和讨

论，尽可能理论联系实际；二是写下自己对本次实验的心得和体会，即在理论和实验操作中有哪些收获，对实验操作和仪器装置等的改进意见以及实验中的疑难问题等。通过问题讨论，可以达到总结、巩固和提高的目的。

二、化学实验室学生守则及安全规则

1. 化学实验室学生守则

化学实验室是进行实验教学和科研的场所，为加强实验室管理，保障实验正常进行，确保人身和设备的安全，培养学生良好的实验习惯和严谨的科学作风，进入实验室做实验的学生必须遵守下列守则：

① 学生实验前应认真阅读实验教材及相关参考资料，明确实验目的与要求、基本原理、操作步骤、安全注意事项和有关的操作技术，了解实验所需的药品、仪器和装置，拟定实验计划，写出预习报告。

② 学生经实验教师允许，方可进入实验室，在实验室要自觉遵守纪律，严禁吸烟、吃零食、随地吐痰等各种不文明行为，保持清洁、整齐、安静，不大声喧哗、嬉笑，不乱动仪器和其他设施，在指定实验台进行实验。

③ 实验开始前，要先认真检查仪器、药品是否齐全，如有缺损及时报告实验教师，申请补齐后再进行实验。

④ 实验过程中，同学之间要团结协作，按照规定的实验内容严格操作步骤，细致观察实验现象，如实进行记录，自己实验的现象与其他同学不一致，以个人实验为准，不得任意更改实验记录，必须养成实事求是的科学态度，若有实验现象观察不清或有疑问的可申请重做。

⑤ 公用仪器、药品应在指定的地点使用，用后立即放回原处。

⑥ 树立环保意识，实验过程中产生的废液、废渣、废物及回收溶剂等不得随意乱丢乱倒，应集中在指定的地方，由实验室集中后统一处理。

⑦ 保障实验安全，杜绝事故发生，严格遵守《实验室安全规则》，小心使用化学药品，如遇意外事故，应沉着、镇静，及时报告老师，妥善处理。实验剩余的剧毒、易燃、易爆等危险品，要及时送交仓库。

⑧ 爱护实验室的一切公物，注意节约用水、用物，若损坏了仪器、药品，必须及时报告教师，说明原因，并按照实验室规定听候处理。

⑨ 实验完毕后按要求清洗仪器，做好各项清洁工作，将仪器、药品摆放整齐，经老师检查验收后，得到批准并洗完手后方可离开实验室。

⑩ 实验室内的一切物品，未经老师同意，不得带出实验室。

2. 化学实验室安全规则

(1) 危险品分类

根据危险品的性质，常用的一些化学药品可大致分为易爆、易燃和有毒等三大类。

① 易爆化学药品。H_2、C_2H_2、CS_2 和乙醚及汽油的蒸气与空气或 O_2 混合，皆可因火花导致爆炸。

单独发生爆炸的有：硝酸铵、三硝基甲苯、硝化纤维、苦味酸等。

混合发生爆炸的有：C_2H_5OH 加浓 HNO_3、$KMnO_4$ 加甘油、$KMnO_4$ 加 S、HNO_3 加

Mg 和 HI、NH_4NO_3 加锌粉和水滴、硝基盐加 $SnCl_2$、过氧化氢加铝和水、硫加氧化汞、钠或钾与水等。

氧化剂与有机物接触，极易引起爆炸，故在使用 HNO_3、$HClO_4$、H_2O_2 等时必须注意。

② 易燃化学药品。可燃气体有：NH_3、$CH_3CH_2NH_2$、Cl_2、CH_3CH_2Cl、C_2H_2、H_2、H_2S、CH_4、CH_3Cl、SO_2 和煤气等。

易燃液体有：丙酮、乙醚、汽油、环氧丙烷、环氧乙烷、甲醇、乙醇、吡啶、甲苯、二甲苯、正丙烷、异丙醇、二氯乙烯、丙酸乙酯、煤油、松节油等。

易燃固体可分为：无机类如红磷、硫黄、P_2S_3、镁粉和铝粉等；有机物类及硝化纤维等；自燃物质有白磷等。

遇水燃烧的物品有钾、钠、CaC_2 等。

③ 有毒化学药品。有毒气体：Br_2、Cl_2、F_2、HBr、HCl、HF、SO_2、H_2S、$COCl_2$、NH_3、NO_2、PH_3、HCN、CO、O_3、BF_3 等，具有窒息性或刺激性。

强酸、强碱均会刺激皮肤，有腐蚀作用，会造成化学烧伤。

高毒性固体有：无机氰化物，As_2O_3 等砷化物，$HgCl_2$ 等可溶性汞化物，铊盐，Se 及其化合物和 V_2O_5 等。

有毒的有机物有：苯、甲醇、CS_2 等有机溶剂，芳香硝基化合物，苯酚、硫酸二甲酯、苯胺及其衍生物等。

已知的危险致癌物质有：联苯胺及其衍生物，*N*-四甲基-*N*-亚硝基苯胺、*N*-亚硝基二甲胺、*N*-甲基-*N*-亚硝基脲、*N*-亚硝基氢化吡啶等 *N*-亚硝基化合物，双（氯甲基）醚、氯甲基甲醚、碘甲烷、β-羟基丙酸丙酯等烷基化试剂，稠环芳烃，硫代乙酰胺硫脲等含硫有机化合物，石棉粉尘等。

具有长期积累效应的毒物有：苯、铅化合物，特别是有机铅化合物，汞、二价汞盐和液态有机汞化合物等。

（2）易燃易爆和腐蚀性药品的使用规则

① 对于性质不明的化学试剂严禁任意混合，以免发生意外事故。

② 产生有毒和有刺激性气体的实验，应在有通风设备的地方进行。

③ 可燃性试剂均不能用明火加热，必须用水浴、沙浴、油浴或电热套等。钾、钠和白磷等暴露在空气中易燃烧，所以钾、钠应保存在煤油中，白磷则可保存在水中，取用时用镊子。

④ 使用浓酸、浓碱、溴、洗液等具有强腐蚀性试剂时，切勿溅在皮肤和衣服上，以免灼伤。废酸应倒入废液缸，但不能往废液缸中倒碱液，以免酸碱中和放出大量的热而发生危险。浓氨水具有强烈的刺激性，一旦吸入较多氨气，可能导致头晕或昏倒，而氨水溅入眼中，严重时可能造成失明。所以，在热天取用浓氨水时，最好先用冷水浸泡氨水瓶，使其降温后再开盖取用。

⑤ 对某些强氧化剂（如 $KClO_3$、KNO_3、$KMnO_4$ 等）或其混合物不能研磨，否则将引起爆炸。银氨溶液不能留存，因其久置后会变成 Ag_3N 而容易发生爆炸。

（3）有毒、有害药品的使用原则

① 有毒药品（如铅盐、砷的化合物、汞的化合物、氰化物和 $K_2Cr_2O_7$ 等）不得进入口内或接触伤口，也不能随便倒入下水道。

② 金属汞易挥发，并通过呼吸道进入人体内，会逐渐积累而造成慢性中毒，所以取用时要特别小心，不得把汞洒落在桌面或地上。一旦洒落必须尽可能收集起来，并用硫黄粉盖在洒落汞的地方，使其转化为不挥发的 HgS，然后清除掉。

③ 制备和使用具有刺激性、恶臭和有害的气体（如 H_2S、Cl_2、$COCl_2$、CO、SO_2、Br_2 等）及加热蒸发浓 HCl、浓 HNO_3、浓 H_2SO_4 等溶液时，应在通风橱内进行。

④ 对一些有机溶剂，如苯、甲醇、硫酸二甲酯等，使用时应特别注意，因为这些有机溶剂均为脂溶性液体，不仅对皮肤及黏膜有刺激性作用，而且对神经系统也有损害。生物碱大多具有强烈毒性，皮肤亦可吸收，少量即可导致中毒甚至死亡。因此使用这些试剂时，均需穿上工作服、戴手套和口罩。

⑤ 必须了解哪些化学药品具有致癌作用，取用时应特别注意，以免侵入体内。

三、化学实验室意外事故处理

1. 意外事故的预防

（1）防火

在操作易燃溶剂时，应远离火源，切勿将易燃溶剂放在敞口容器内用明火加热或放在密闭容器中加热，切勿将其倒入废液缸，更不能用敞口容器放易燃液体。倾倒时应远离火源，最好在通风橱内进行。在用易燃物质进行实验时，应远离酒精等易燃物质。蒸馏易燃物质时，装置不能漏气，接受器支管应与橡皮管相连，使余气通往水槽或室外。回流或蒸馏液体时应放沸石，不要用火焰直接加热烧瓶，而应根据液体沸点高低使用石棉网、油浴、沙浴或水浴，冷凝水要保持畅通。油浴加热时，应绝对避免水溅入热油中。酒精灯用毕应盖上盖子，避免使用灯颈已破损的酒精灯，切忌斜持一只酒精灯到另一只酒精灯上点火。

（2）爆炸的预防

蒸馏装置必须安装正确。常压操作切勿使用密闭体系，减压操作用圆底烧瓶或吸滤瓶作接受器，不可用锥形瓶，否则可能发生爆炸。使用易燃易爆气体如氢气、乙炔等要保证通风，严禁明火，并应阻止一切火星的产生。有机溶剂如乙醚和汽油等的蒸气与空气相混合时极危险，可能由热的表面或火花而引起爆炸，应特别注意。使用乙醚时应检查有无过氧化物存在，如有则立即用 $FeSO_4$ 除去后再使用。对于易爆炸的固体，或遇氧化剂会发生猛烈爆炸或燃烧的化合物，或可能生成有危险的化合物的实验，都应事先了解其性质、特点及注意事项，操作时应特别小心。开启有挥发性液体的试剂瓶应先充分冷却，开启时瓶口必须指向无人处，以免由于液体喷溅而导致伤害，当瓶塞不易开启时，必须注意瓶内物质的性质，切不可贸然用火加热或乱敲瓶塞。

（3）中毒的预防

对有毒药品应小心操作，妥善保管，不能乱放。有些有毒物质会渗入皮肤，使用这些有毒物质时必须戴上手套，穿上工作服，操作后应立即洗手，切勿让有毒药品沾及五官和伤口。反应过程中有有毒有害或有腐蚀性的气体产生时，应在通风橱内进行，实验中不要把头伸入通风橱内，使用后的器皿及时清洗。

（4）触电的预防

实验中使用电器时，应防止人体与电器导电部分直接接触，不能用湿的手或手握湿的物体接触电插头、装置，设备的金属外壳等应连接地线，实验后应切断电源，再将电器连接总电源的插头拔下。

2. 意外事故的处理

① 起火。起火时，要立即一面灭火，一面防止火势蔓延（如切断电源、移去易燃药品等）。灭火时要针对起因选用合适的方法：一般的小火可用湿布、石棉布或沙子覆盖燃烧物；火势大用泡沫灭火器；电器失火切勿用水泼救，以免触电；若衣服着火，切勿惊慌乱跑，应赶紧脱下衣服，或用石棉布覆盖着火处，或就地卧倒打滚，或迅速用大量水扑灭。

② 割伤。伤处不能用手抚摸，也不能用水洗涤。应先取出伤口的玻璃碎片或固体物，用 3%H_2O_2 洗后涂上碘酒，再用绷带扎上。大伤口则应先按紧主血管以防大量出血，急送医务室。

③ 烫伤。不要用水冲洗烫伤处，可涂抹甘油、万花油，或用蘸有酒精的棉花包扎伤处；烫伤较严重时，立即用蘸有饱和苦味酸或饱和 $KMnO_4$ 溶液的棉花或纱布贴上，再送医务室处理。

④ 酸或碱灼伤。酸灼伤时，应立即用水冲洗，再用 3%$NaHCO_3$ 溶液或肥皂水处理；碱灼伤时，水洗后用 1%HAc 溶液或饱和硼酸溶液洗。

⑤ 酸或碱溅入眼内。酸溅入眼内时，立即用大量自来水冲洗眼睛，再用 3%$NaHCO_3$ 溶液洗眼。碱液溅入时，先用自来水冲洗，再用 10%硼酸溶液洗眼。最后均用蒸馏水将余酸或余碱洗尽。

⑥ 皮肤被溴或苯酚灼伤时应用大量有机溶剂如酒精或汽油洗去，最后在受伤处涂抹甘油。

⑦ 吸入刺激性或有毒的气体如 Cl_2 或 HCl 时可吸入少量乙醇和乙醚的混合蒸气使之解毒；吸入 H_2S 或 CO 气体而感到不适时，应立即到室外呼吸新鲜空气。应注意，Cl_2 或 Br_2 中毒时不可进行人工呼吸，CO 中毒时不可使用兴奋剂。

⑧ 若毒物进入口内，应在一杯温水中加入 5～10mL 5%$CuSO_4$ 溶液，内服后，把手伸入咽喉部，促使呕吐，吐出毒物，然后送医务室。

⑨ 触电时首先切断电源，必要时进行人工呼吸。

四、化学实验室三废处理

① 无机实验室中经常有大量的废酸液。废液缸（桶）中废液可先用耐酸塑料网纱或玻璃纤维网过滤，浊液加碱中和，调至 pH=6～8 后就可排出，少量滤渣可埋于地下。

② 对于回收的较多废铬酸洗液，可以用高锰酸钾氧化法使其再生，还可使用；少量的废洗液可加入废碱液或石灰使其生成 $Cr(OH)_3$ 沉淀，将沉淀埋于地下即可。

③ 氰化物是剧毒物质，含氰废液必须认真处理。少量的含氰废液可先加 NaOH 调至 pH=10 以上，再加入适量 $KMnO_4$ 使 CN^- 氧化分解；量大的含氰废液可用碱性氯化法处理，先用碱调至 pH=10 以上，再加入次氯酸钠，使 CN^- 氧化成氰酸盐，并进一步分解为 CO_2 和 N_2。

④ 含汞盐废液应先调 pH 值至 8～10 后加适当过量的 Na_2S，使其生成 HgS 沉淀，并加 $FeSO_4$ 与过量 S^{2-} 生成 FeS 沉淀，从而吸附 HgS 共沉淀下来，静置后分离，再离心、过滤后，清液含汞量可降到 0.02mg/L 以下排放；少量残渣可埋于地下，大量残渣可用焙烧法回收汞，但注意一定要在通风橱内进行。

⑤ 含重金属离子的废液。最有效和最经济的方法是加碱或加 Na_2S 把重金属离子变成难溶性的氢氧化物或硫化物而沉积下来，再过滤分离，少量残渣可埋于地下。

五、常用玻璃仪器、器皿和用具

化学实验室会使用大量的玻璃仪器，玻璃仪器具有一系列优良的性质，如良好的化学稳定性、热稳定性及绝缘性，透明度高，易清洁，可反复使用，有一定的机械强度，并可按需求制成各种不同形状的产品。按照用途和结构特征，常将实验室中的玻璃仪器分为以下几类。

(1) 烧器类

用于直接或间接加热的玻璃制品，广泛应用于实验中的加热、溶解、混合、煮沸、熔融、蒸发浓缩、稀释和沉淀澄清等，其用料较严格，多采用硬质 95 料或 GG-17 高硅硼玻璃，特点是薄而均匀，其耐骤冷骤热性好。常见的烧器类玻璃制品有圆底烧瓶（单口、二口、三口、四口）、平底烧瓶（单口、二口、三口、四口）、蒸馏（支管）烧瓶、分馏烧瓶、定氮烧瓶、曲颈瓶、锥形（三角）瓶、碘量瓶、烧杯（高型、低型、三角）、普通试管、刻度试管、具塞刻度试管、具支试管等，见图 1-1。

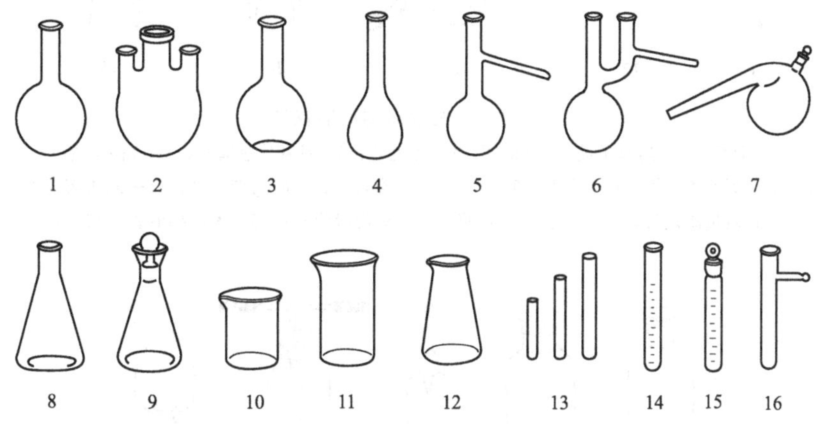

图 1-1　常见烧器类玻璃仪器

1—单口圆底烧瓶；2—三口圆底烧瓶；3—单口平底烧瓶；4—定氮烧瓶；5—蒸馏烧瓶；6—分馏烧瓶；7—曲颈瓶；8—锥形瓶；9—碘量瓶；10—低型烧杯；11—高型烧杯；12—三角烧杯；13—普通试管；14—刻度试管；15—具塞刻度试管；16—具支试管

(2) 量器类

刻有较精密刻度、用于准确测量或粗略量取液体容积的玻璃制品，其用料可采用 75 料。常见的量器类玻璃仪器包括量筒（具塞）、量杯、容量瓶、酸式滴定管、碱式滴定管、微量滴定管、半微量滴定管、全自动滴定管、半自动滴定管、刻度吸液管、大肚移液管、比色管（具塞）、刻度离心试管（圆底、尖底）、比色杯、滴管等，见图 1-2。

(3) 容器类

用于存放固体或液体化学物质的玻璃制品，选料应以软质钠碱化学玻璃料为主，但目前制造厂多选用普通玻璃，其特点是器壁较厚。常见的容器类玻璃制品包括细口试剂瓶、广口试剂瓶、滴瓶、油滴瓶、洗气瓶、集气瓶、气体吸收瓶、三角洗瓶、洗瓶、采样瓶、称量瓶（高型、扁型）、标本瓶（圆形、方形）、玻璃槽、种子瓶等，见图 1-3。

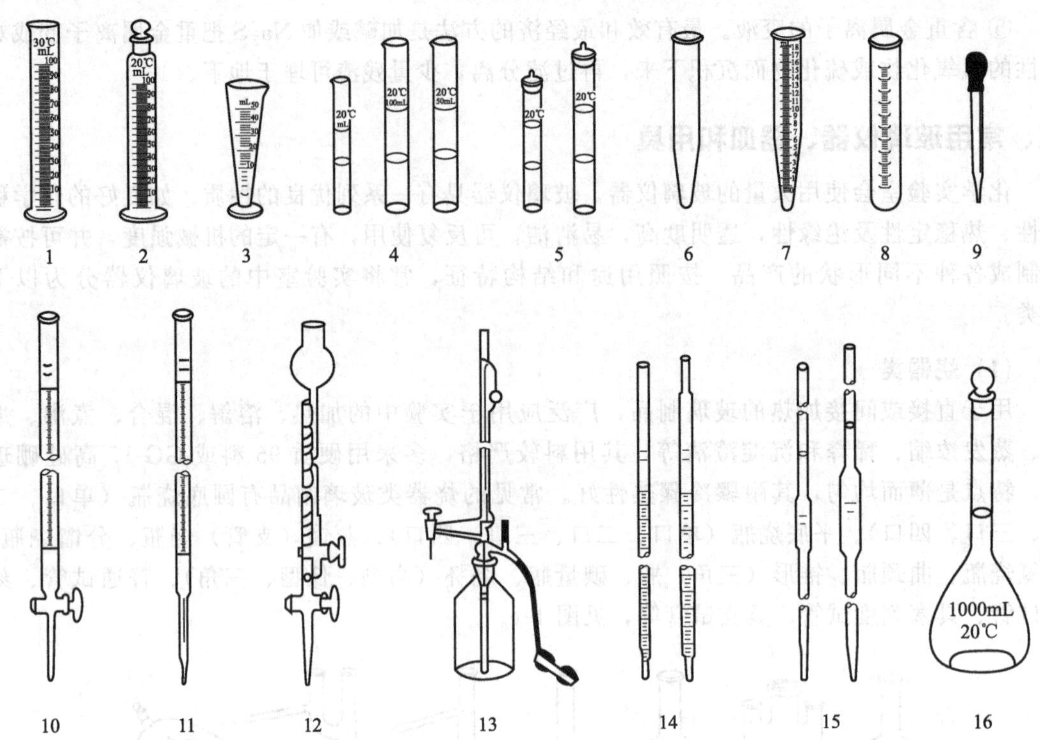

图 1-2 常见量器类玻璃仪器

1—量筒；2—具塞量筒；3—量杯；4—比色管；5—具塞比色管；6—尖底离心管；7—尖底刻度离心管；8—圆底刻度离心管；9—滴管；10—酸式滴定管；11—碱式滴定管；12—夹式微量滴定管；13—全自动滴定管；14—刻度吸液管；15—大肚移液管；16—容量瓶

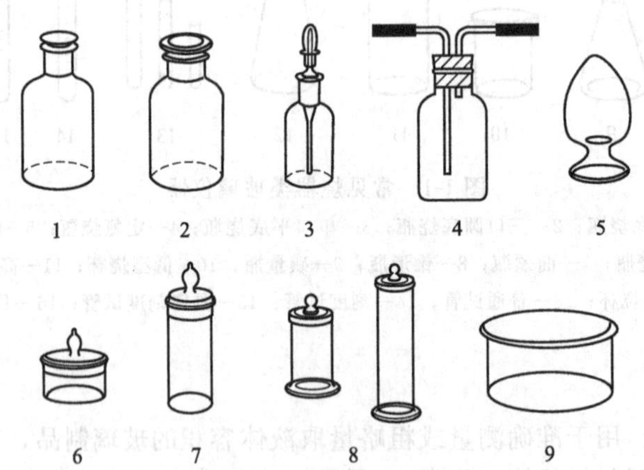

图 1-3 常见容器类玻璃仪器

1—细口试剂瓶；2—广口试剂瓶；3—滴瓶；4—洗气瓶；5—种子瓶；6—扁型称量瓶；7—高型称量瓶；8—标本瓶；9—玻璃槽

(4) 分离类

用于蒸馏、分馏、冷凝等用途的玻璃制品，如蒸馏头、蒸馏弯头、分馏头、垂刺分馏柱、垂刺分馏管、直形（弯形）防溅球、单塞直（弯）接头、直形（弯形）活塞接头、抽气接头、接受管（接引管）、真空接受管、单口弯接管、燕尾管（二叉、三叉）、连接管（二口、三口)、导气管、搅拌器套管、汞封套管、温度计套管、空心塞、空气冷凝管、直形冷凝管、球形冷凝管、蛇形冷凝管、亚硫酸冷凝管、定碳空气冷凝管、油水分离器等，见图 1-4。

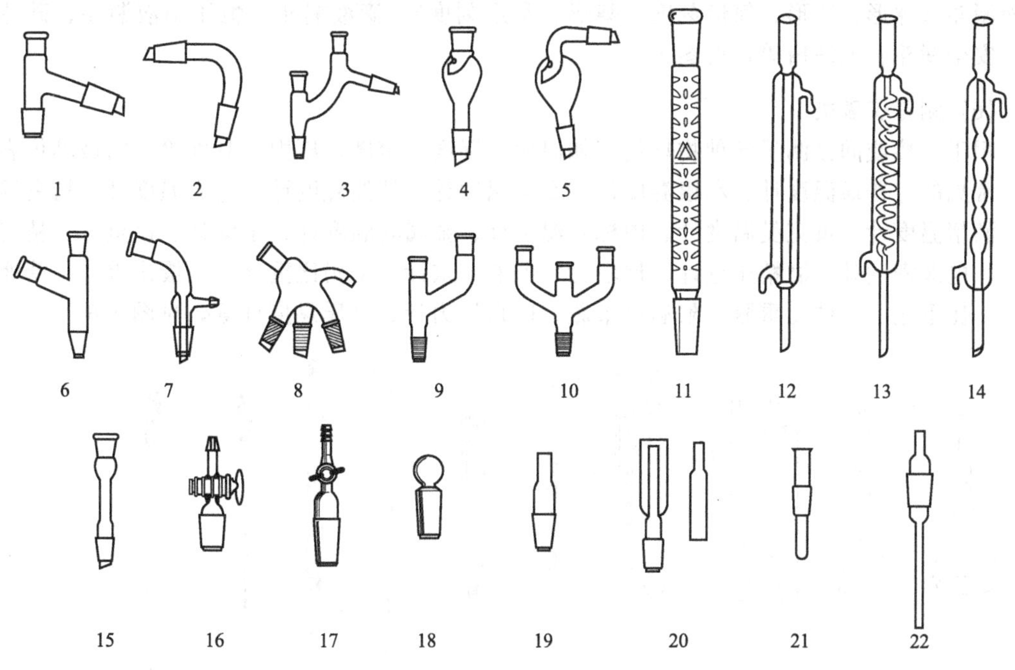

图 1-4 常见分离类玻璃仪器

1—蒸馏头；2—蒸馏弯头；3—分馏头；4—直形防溅球；5—弯形防溅球；6—接受管；7—真空接受管；8—三叉燕尾管；9—二口连接管；10—三口连接管；11—垂刺分馏柱；12—直形冷凝管；13—蛇形冷凝管；14—球形冷凝管；15—空气冷凝管；16—活塞接头；17—抽气接头；18—空心塞；19—搅拌器套管；20—汞封套管；21—温度计套管；22—导气管

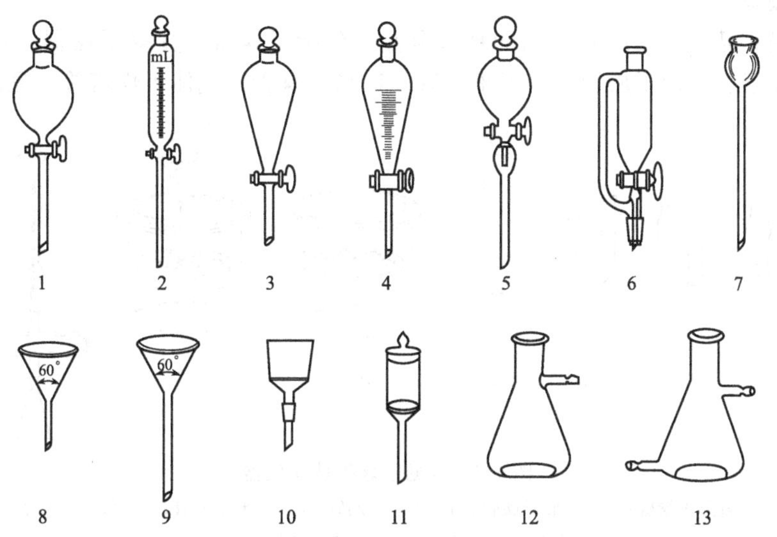

图 1-5 常见过滤器类玻璃仪器

1—球形分液漏斗；2—筒形刻度分液漏斗；3—梨形分液漏斗；4—梨形刻度分液漏斗；5—滴液漏斗；6—恒压滴液漏斗；7—直颈安全漏斗；8—短颈三角漏斗；9—长颈三角漏斗；10—砂芯漏斗；11—带盖砂芯漏斗；12—上口抽滤瓶；13—上下口抽滤瓶

(5) 过滤器类

过滤器类主要包括各种漏斗及与其配套使用的过滤器具，如三角漏斗（长颈、短颈）、分液漏斗（球形、筒形、筒形刻度、梨形、梨形刻度）、滴液漏斗、恒压滴液漏斗、砂芯漏斗、安全漏斗、抽滤瓶等，见图 1-5。

(6) 测量仪表类

用于直接或间接测量各种物理量（如温度、湿度、密度、压力、黏度等）的玻璃仪表设备，常见的有普通温度计、水银温度计、石英温度计、低温温度计、高温温度计、精密温度计、酒精温度计、贝克曼温度计、内标式温度计、金属套温度计、干湿计、比重计、精密比重计、电液密度计、酒精比重计、比轻计、电液比重计、牛奶比重计、土壤比重计、糖液比重计、比重瓶、固体比重瓶、附温比重瓶、U 形压力计、乌氏黏度计等，见图 1-6。

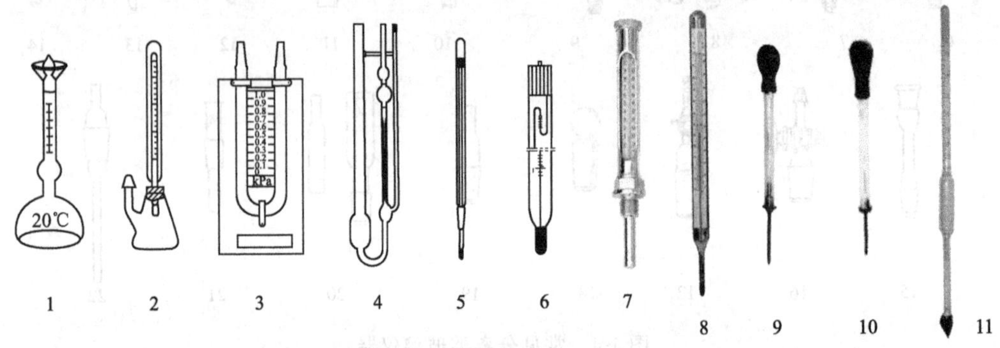

图 1-6 常见测量仪表类玻璃仪器

1—固体比重瓶；2—附温比重瓶；3—U 形压力计；4—乌氏黏度计；5—普通温度计；6—贝克曼温度计；7—金属套温度计；8—内标式温度计；9—电液比重计；10—浮式电液密度计；11—比轻计

(7) 干燥类

用于干燥物品及与其配套使用的玻璃制品，包括干燥器、真空干燥器、定温真空干燥器、硫酸干燥器、直形干燥管、弯形干燥管、U 形干燥管、气体干燥塔等，见图 1-7。

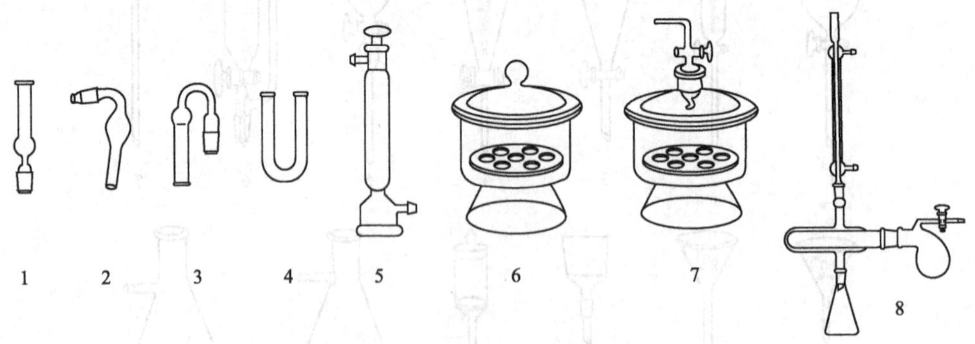

图 1-7 常见干燥类玻璃仪器

1—直形干燥管；2—斜形干燥管；3—弯形干燥管；4—U 形干燥管；5—气体干燥塔；6—干燥器；7—真空干燥器；8—定温真空干燥器

(8) 成套仪器

用于成套使用的玻璃仪器，如球形脂肪抽出器、蛇形脂肪抽出器、蛇球脂肪抽出器、回流装置、蒸馏装置、索式提取器、气体发生器、中量制备仪、少量半微量制备仪、半微量制备仪、综合制备仪、旋转薄膜蒸发器、旋转蒸发器、碳硫联合测定仪、钢铁定碳仪、气体分析器等，见图 1-8。

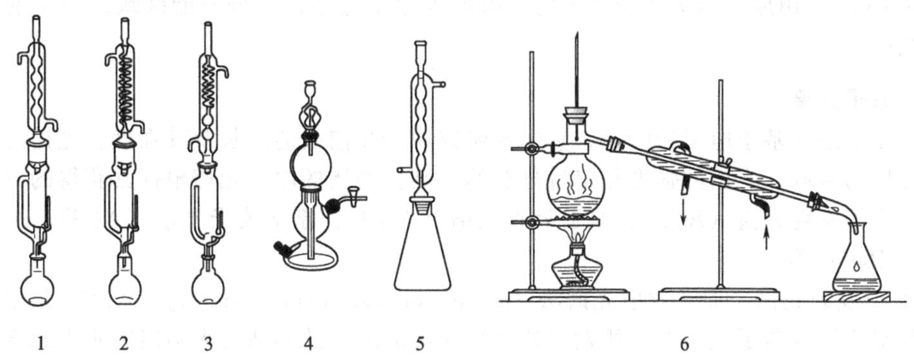

图 1-8 常见成套玻璃仪器

1—球形脂肪抽出器；2—蛇形脂肪抽出器；3—蛇球形脂肪抽出器；4—气体发生器；5—回流装置；6—蒸馏装置

(9) 其他类

除上述各种玻璃仪器之外的一些玻璃制器皿，如表面皿、培养皿、结晶皿、玻璃研钵、注射器、微量进样器、酒精灯、玻璃棒、玻璃管、毛细管、玻璃珠、玻璃阀、比色皿、石英比色皿等，见图 1-9。

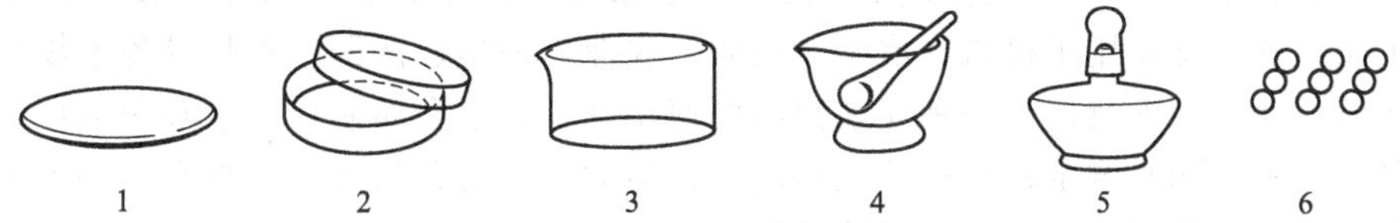

图 1-9 常见其他类玻璃仪器

1—表面皿；2—培养皿；3—结晶皿；4—玻璃研钵；5—酒精灯；6—玻璃珠

六、现代分析测试仪器简介

现代分析测试技术是关于材料成分及结构表征的一门科学。成分和结构从根本上决定了材料的性能。因此，对材料的成分和结构进行精确表征是材料研究的基本要求，也是实现性能控制的前提。

现代分析测试技术的发展，使得材料分析不仅包括材料整体的成分、结构分析，也包括材料表面与界面分析、微曲分析、形貌分析等内容。本章主要介绍了基于电磁辐射及运动粒子束与材料相互作用而建立起来的光谱分析、电子能谱分析、衍射分析和电子显微分析，以及基于其他物理性质或电化学性质与材料的特征关系建立的色谱分析、质谱分析、电化学分析及热分析等方法。

1. 光谱分析

光谱分析法（spectrometry）是基于电磁辐射与物质相互作用产生的特征光谱波长与强度进行物质分析的方法。它涉及物质的能量状态、状态跃迁以及跃迁强度等方面。通过物质的组成、结构及内部运动规律的研究，可以解释光谱学的规律；通过光谱学规律的研究，可以揭示物质的组成、结构及内部运动的规律。

根据光谱产生的机理，光谱可以分为原子光谱（atomic spectrum）和分子光谱（molecular spectrum）。由原子能级跃迁产生的光谱称为原子光谱，由分子能级跃迁产生的光谱称为分子光谱。

（1）原子光谱

原子光谱法是基于电子的跃迁，它主要研究原子光谱线的波长及其强度。光谱线的波长是定性分析的基础；光谱的强度是定量分析的基础。物质的原子光谱根据其获得的方式不同可以分为原子发射光谱（AES）、原子吸收光谱（AAS）、原子荧光光谱（AFS）、X射线荧光光谱（XRF）等。

① 原子发射光谱。原子发射光谱法（atomic emission spectrometry，AES）是根据待测物质的气态原子或离子受激发后所发射的特征光谱的波长及其强度来确定物质中元素组成和含量的分析方法，是光谱学各个分支中最为古老的一种。原子发射光谱是线状光谱。原子发射光谱分析在鉴定金属元素方面（定性分析）具有较大的优越性，不需分离，多元素同时测定，灵敏、快捷，可鉴定周期表中约70多种元素，在钢铁工业（炉前快速分析）、地矿等方面发挥重要作用。

② 原子吸收光谱。原子吸收光谱法（atomic absorption spectrometry，AAS）又称原子吸收分光光度分析法，它是基于试样中待测元素的基态原子蒸气对同种元素发射的特征谱线进行吸收，依据吸收程度来测定试样中该元素含量的一种方法。原子吸收光谱法测定的是特定谱线的吸收（由于原子吸收线的数量大大少于原子发射线），所以谱线重叠概率小，光谱干扰少。在实验条件下，基态原子数目大大高于激发态原子数目，因此吸收法灵敏度比较高。该法现已被广泛应用于机械、冶金、地质、农业、环境、医药、食品等各个领域。但是该法有其局限性。例如测定每一种元素都需要使用同种元素金属制作的空心阴极灯，这不利于进行多种元素的同时测定；对难熔元素的分析能力低；对共振线处于真空紫外区的卤素等非金属元素不能直接测定，只能用间接法测定。

③ 原子荧光光谱。原子荧光光谱法（atomic fluorescence spectrometry，AFS）是以原子在辐射能激发下发射的荧光强度进行定量分析的发射光谱分析法。气态自由原子吸收光源的特征辐射后，原子的外层电子跃迁到较高能级，然后又跃迁返回基态或较低能级，同时发射出与原激发辐射波长相同或不同的辐射，即为原子荧光。原子荧光是光致发光，也是二次发光，激发光源停止时，再发射过程立即停止。原子荧光光谱分析法具有很高的灵敏度，校正曲线的线性范围宽，能进行多元素同时测定。但在测定复杂基体的试样及高含量样品时，由于存在荧光猝灭及散射光等干扰，给实际分析带来一定的困难。因此，原子荧光光谱分析法不及原子吸收光谱法和原子发射光谱分析法应用广泛，但可作为这两种方法的补充。

④ X射线荧光光谱。X射线荧光光谱法（X-ray fluorescence，XRF）是利用原级X射线光子或其他微观粒子激发待测物质中的原子，使之产生次级的特征X射线（X光荧光）而进行物质成分分析和化学态研究的方法。在成分分析方面，X射线荧光光谱法是现代常规分析中的一种重要方法。它具有分析迅速、样品前处理简单、可分析元素范围广、谱线简单，光谱干扰少等众多优点。而且，除块状样品外，它还可对多层镀膜的各层镀膜分别进行成分和膜厚的分析。

（2）分子光谱

光和物质之间的相互作用，使分子对光产生了吸收、发射和散射。将物质吸收、发射或散射光的强度对频率作图所形成的演变关系，称为分子光谱。分子光谱是测定和鉴别分子结构的重要实验手段，是分子轨道理论发展的实验基础。根据跃迁类型不同可分为电子光谱、振动光谱和转动光谱；根据吸收电磁波的范围不同，可分为紫外/可见光谱、红外光谱、近红外光谱、远红外光谱等；根据光谱产生的机理不同，又可分为分子吸收光谱和分子发光光谱。

常用的分子光谱分析法有：紫外/可见吸收光谱、红外吸收光谱、近红外光谱、远红外光谱、分子发光光谱、核磁共振波谱、拉曼光谱等。

① 紫外/可见吸收光谱。紫外/可见吸收光谱（ultraviolet and visible spectroscopy，UV-Vis）是电子振转光谱，由成键原子的分子轨道中电子跃迁产生的，该法既可以通过测量分子对吸收光子的波长范围对成分进行分析；又可以通过测量吸收峰强度对含量进行测定。常用于研究不饱和有机化合物，特别是具有共轭体系的有机化合物。但是紫外/可见吸收光谱法不能单独用来确定一个未知的化合物，还要与其他方法联用，才能实现准确的分析。

② 红外吸收光谱。红外吸收光谱（infrared spectroscopy，IR）分析法是通过研究物质结构与红外吸收间的关系，进而实现对未知试样的定性鉴定和定量测定的一种分析方法。该法主要研究在振动转动中伴随有偶极矩变化的化合物，除单原子和同核分子如 Ne、He、O_2、H_2 等之外，几乎所有的有机化合物在红外光区都有吸收。红外吸收带的波长位置与吸收谱带的强度，反映了分子结构的特点，根据光谱中吸收峰的位置和形状可以推断未知物的化学结构；根据特征吸收峰的强度可以测定混合物中各组分的含量；应用红外光谱可以测定分子的键长、键角，从而推断分子的立体构型，判断化学键的强弱等。因此，红外光谱已成为现代分析化学和结构化学不可缺少的重要工具。

③ 近红外光谱。近红外光谱（near infrared spectroscopy，NIR）主要是由于分子振动的非谐振性使分子振动从基态能级向高能级跃迁时产生的，记录的主要是含氢基团 X—H（X=C、N、O）振动的倍频和合频吸收。它被认为是一种“具有解决全球农业分析潜力”的当代分析方法。与紫外、可见、中红外谱区相比，物质对近红外谱区吸收的能力较弱，该谱区可以透入样品内部，取得样品内部的信息，因此近红外光谱分析样品可以不需要或者只需要少量的物理前处理，便可用于各种快速分析，尤其适用于复杂样品的无损分析。

④ 远红外光谱。远红外光谱是指物质在远红外区的吸收光谱，是分子在不同的转动能级间跃迁产生转动光谱。由于低频骨架振动能灵敏地反映物质结构的变化，所以对异构体研究特别方便。此外，对于有机金属化合物（包括络合物）、氢键、吸附现象的定量分析，远红外光谱也很有效。在环境分析测试中，远红外光谱区光源能量弱，除非其他波段没有合适的谱带，一般都不在此区内做定量分析。

⑤ 分子发光光谱。物质分子吸收能量跃迁到电子激发态后，在返回基态的过程中伴随有光辐射，这种现象称为分子发光，以此建立起来的分析方法称为分子发光分析法。分子发光包括分子荧光（molecular fluorescence）、分子磷光（molecular phosphorescence）、化学荧光（chemiluminescence）等。

a. 荧光光谱。荧光光谱（fluorescence spectrometry，FS）是物质的基态分子吸收一定波长范围的光辐射激发至单重激发态，当其由激发态回到基态时产生的二次辐射形成的光谱。荧光光谱也是电子光谱，但它属于二次发射光谱（光致发光）。它的产生至少包括吸收激发光过程和后继的发射过程两个步骤。这种多步过程使得荧光光谱比其他各种类型的吸收光谱复杂得多。但也正是这种复杂性给材料分析带来了超乎寻常的信息，这是从单步吸收方法所不能得到的。

b. 磷光光谱。磷光是当受激电子降到 S1 的最低振动能级后，未发射荧光，而是经过系间跃迁到 T1 振动能级，经振动弛豫到 T1 最低振动能级，从 T1 最低振动能级回到基态的各个振动能级所发射的光。分子荧光和分子磷光都属于光致发光，两者的根本区别是：荧光是由激发单重态（S1）最低振动能级至基态（S0）各振动能级的跃迁产生的；而磷光是由激发三重态（T1）最低振动能级至基态各振动能级间跃迁产生的。由于能产生磷光的物质很少，外加测量时需在液氮低温下进行，因此在应用上磷光分析远不及荧光分析普遍。但是通常具有弱荧光的物质能发射较强的磷光，故在分析对象上，磷光与荧光相互补充，成为痕量有机分析的重要手段。

c. 化学发光。化学发光（chemiluminescence spectrum，CS）又称为冷光（cold light），它是在没有任何光、热或电场等激发的情况下，由化学反应而产生的光辐射。它与荧光、磷光的主要区别是激发能不同，而它们的光谱是十分相似的。化学发光的最大特点是灵敏度高，对气体和痕量金属离子的检出限都可达 ng/mL 级。

⑥ 拉曼光谱。拉曼光谱（Raman spectrum，RS）是入射光子与溶液中试样分子间的非弹性碰撞，发生能量交换，产生与入射光频率不同的散射光形成的光谱。拉曼散射光的频率与物质分子的振动能级跃迁相对应。拉曼散射非常弱，强度大约为瑞利散射的 1‰，这就限制了它的应用和发展。随着近红外固体激光器或波长可调的掺钛宝石固体激发光源及傅里叶变换技术的使用，使拉曼光谱得到许多应用和发展，成为研究分子结构等的有力手段之一。

⑦ 核磁共振波谱。核磁共振波谱（nuclear magnetic resonance spectroscopy，NMR）分析法是将有磁性的自旋原子核放入强磁场中，以适当频率的电磁波辐射，原子核吸收射频辐射发生能级跃迁，产生核磁共振吸收现象，从而获得有关化合物分子骨架信息的方法。目前核磁共振已经深入到化学学科的各个领域，广泛应用于有机化学、生物化学、药物化学、配合物化学、无机化学、高分子化学、环境化学、食品化学及与化学相关的各个学科，并对这些学科的发展起着极大的推动作用。

⑧ 质谱。质谱分析法（mass spectrometry，MS）是使被测样品分子形成气态离子，然后按离子的质量，确切地说按离子的质量（m）与所带电荷（z）的比值（简称质荷比，mass-charge ratio，m/z），对离子进行分离和检测的一种分析方法。质谱既不属于光谱，也不属于波谱。质谱分析法具有分析速度快、灵敏度高以及图谱解析相对简单的优点，测定的对象包括同位素、无机化合物、有机化合物、生物大分子以及聚合物，因此可广泛地应用于化学、生物化学、生物医学、药物学、生命科学以及工、农、林业，地质、石油、环保、公安、国防等领域。

2. 电化学分析

电分析化学法（electroanalytical chemistry，EC）是以测量某一化学体系或试样的电响应为基础建立起来的一类分析方法。它把测定的对象构成一个化学电池的组成部分，通过测量电池的某些物理量，如电位、电流、电导或电量等，求得物质的含量或测定某些电化学性质。依据测量的参数，电分析化学可分为电位分析、伏安分析、极谱分析、库仑分析、电导分析等。电化学生物传感器、化学修饰电极、超微电极等是电分析化学十分活跃的研究领域。电分析化学具有灵敏、简便、快速，以及易于实现自动化、信息化、智能化等特点，当前在科学研究和生产中，电分析化学不仅是一种分析方法，而且是科学研究中一种必要手段。

(1) 电位分析

电位分析法（potentiometric method）是电化学分析法的重要分支，它的实质是通过在零电流条件下，测定由指示电极和参比电极所构成的原电池的电动势来进行分析测定的一种电化学方法。测定时，参比电极的电极电位保持不变，电池电动势随指示电极的电极电位而变，而指示电极的电极电位随溶液中待测离子的活度而变。根据原理不同，电位分析法可分为直接电位法和电位滴定法两大类。

(2) 电解分析

电解分析法（electrolytic analysis，EA）是将被测溶液置于电解装置中进行电解，使被测离子在电极上以金属或其他形式析出，由电解所增加的重量求算出其含量的方法。这种方法实质上是重量分析法，因而又称为电重量分析法（electrogravimetric method）。电解分析也是一种很好的分离手段，当它用于物质的分离时，叫电解分离法。电解法分析时不需要基准物质和标准溶液，是一种绝对的分析方法，并且准确度高。但是该法只能用来测量高含量物质。

(3) 库仑分析

库仑分析法（coulometric method，CM）是在电解分析法的基础上发展起来的一种分析方法，其理论基础是法拉第电解定律。库仑分析法不是通过称量电解析出物的重量，而是通过测量被测物质在100%电流效率下电解所消耗的电量来进行定量分析的方法。为了满足这两个条件，可采用控制电位库仑分析法和控制电流库仑分析法两种方法。库仑分析法分析时，也不需要基准物质和标准溶液，而且它特别适用于微量、痕量成分的测定。

(4) 伏安分析

伏安分析法（voltammetry）是通过记录电解池中被分析溶液中电极的电压-电流行为为基础的一类电化学分析方法。伏安分析法与电位分析法不同，伏安分析法是在一定的电位下对体系电流的测量；而电位分析法是在零电流条件下对体系电位的测量。现代伏安分析包括经典极谱分析、单扫描示波极谱分析、交流示波极谱分析、方波极谱、溶出伏安分析及循环伏安分析等。目前，伏安分析已成为痕量物质测定、化学反应机理的电极过程动力学研究及平衡常数测定等基础理论研究的重要工具。

3. 色谱分析

色谱法（chromatography）是指利用各组分与固定相相互作用的类型、强弱之间的差异，当流动相中的样品混合物经过固定相时，在同一推动力的作用下，不同组分在固定相滞留时间长短不同，从而按先后不同的次序从固定相中流出的一种分离与检测方法。根据流动相和固定相的使用可分为：气相色谱，液相色谱，薄层色谱，纸色谱，离子色谱等。色谱法将分离和测定过程合二为一，降低了混合物分析的难度，缩短了分析的周期，是目前比较主流的分析方法。复杂样品组成-结构-功能的多模式多柱色谱以及联用技术的多维分析是色谱分析法研究的焦点。

(1) 气相色谱

气相色谱法（gas chromatography，GC）是指用气体作为流动相的色谱法。它主要利用物质的沸点、极性及吸附性质的差异来实现混合物的分离。根据所用固定相的不同可分为气固色谱法和气液色谱法。由于样品在气相中传递速度快，因此样品组分在流动相和固定相之间可以瞬间达到平衡。另外可选择作固定相的物质很多，因此气相色谱法是一个分析速度快和分离效率高的分离分析方法。近年来采用高灵敏选择性检测器，使得它又具有分析灵敏度高、应用范围广等优点。

(2) 液相色谱

液相色谱法作为一项古老的色谱技术，是指流动相为液体的色谱技术。它是基于物质吸附作用的不同而实现分离的。由于分析速度慢，分离效能也不高，加之缺乏合适的检查技术，液相色谱法的发展很缓慢。它不能由色谱图直接给出未知物的定性结构，而必须由已知标准作对照定性。当无纯物质对照时，定性鉴定就很困难，这时需借助质谱、红外和化学法等配合。高效液相色谱法（high performance liquid chromatography，HPLC）的产生弥补了这些缺陷。与经典液相色谱法相比，高效液相色谱法的主要区别在于固定相、输液设备和检测手段。根据分离机理的不同，它可用作液固吸收、液液分配、离子交换、空间排阻色谱及亲和色谱分析等，应用非常广泛。

4. 电子显微分析

电子显微分析是指用电子显微镜对材料的组织结构进行观察和分析，利用聚焦电子束与试样物质相互作用产生的各种物理信号，分析试样物质的微区形貌、晶体结构和化学组成的方法。它不但能分析金属材料，还可对非金属材料乃至生物材料等进行分析。不但分辨率很高，而且能在一台仪器上同时完成微小区域内的形貌分析和结构分析，这是其他类型分析仪器所望尘莫及的。

(1) 透射电子显微分析

透射电子显微分析是利用透射电镜中穿透试样的电子的散射和衍射，对试样进行形貌观察和晶体结构分析的方法。透射电子显微镜（transmission electron microscope，TEM）简称透射电镜，是以波长极短的电子束作为照明源，用电磁透镜聚焦成像的一种高分辨本领、高放大倍数的电子光学仪器。透射电子显微镜在成像原理上与光学显微镜类似。它们的根本区别在于光学显微镜，以可见光作照明束，透射电子显微镜则以电子为照明束。由于电子波长极短，同时电子与物质作用遵从布拉格方程，产生衍射现象，使得透射电镜自身在具有高的像分辨本领的同时兼有结构分析的功能。

(2) 扫描电子显微分析

扫描电子显微镜（scanning electron microscope，SEM），简称扫描电镜，是利用极细聚焦电子束在样品表面扫描时激发出来的各种物理信号来调制成像的。成像信号可以是二次电子、背散射电子或吸收电子，其中二次电子是最主要的成像信号。由于扫描电子显微镜的景深远比光学显微镜大，可以用它进行显微断口分析。用扫描电子显微镜观察断口时，样品不必复制，可直接进行观察，这给分析带来极大的方便。因此，目前显微断口的分析工作大都是用扫描电子显微镜来完成的。

(3) 电子探针显微分析

电子探针显微分析（electron probe microanalysis，EPMA 或 EPA）是用细聚焦电子束入射样品表面，激发出样品元素的特征 X 射线，分析特征 X 射线的波长（或特征能量）获得样品中所含元素种类的信息；分析 X 射线的强度，获得样品中对应元素含量的分析方法。除专门的电子探针仪外，有相当一部分电子探针仪是作为附件安装在扫描电镜或透射电镜的

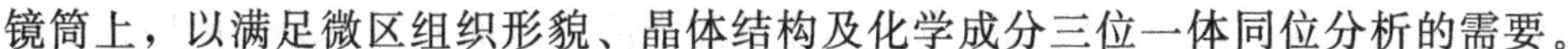

镜筒上，以满足微区组织形貌、晶体结构及化学成分三位一体同位分析的需要。

5. 扫描探针显微分析

扫描探针显微镜（scanning probe microscopy，SPM），种类繁多，一般常见的是扫描隧道显微镜（scanning tunneling microscopy，STM）与扫描力显微镜（scanning force microscopy，SFM）两大类。此外还有延伸型工具，例如扫描式近场光学显微镜（scanning near-field optical microscopy，SNOM）、扫描电容显微镜（scanning capacitance microscopy，SCM）等。

（1）扫描隧道显微分析

扫描隧道显微镜是一种新型的研究表面结构的有力工具，它是借助导电探针与样品间的隧道电流来探测表面特性的。扫描隧道显微镜能够以原子级的分辨率观察表面的原子结构和电子行为，在表面科学、材料科学和生命科学中有着广阔的应用前景。但是STM对样品与操作环境的要求较为严苛，仅能测量具有相当导电性的表面（导体或半导体），且一般需在超高真空下操作以保持样品表面的洁净，因此在应用上受到一定限制。

（2）原子力显微分析

原子力显微镜（atomic force microscopy，AFM），利用探针针尖和待测试样间范德华作用力的强弱，得到样品表面的起伏高低和几何形状。它是利用微悬臂感受和放大臂上尖细探针与受测样品原子之间的作用力，达到检测目的，具有原子级的分辨率。由于原子力显微镜既可以观察导体，也可以观察非导体，从而弥补了扫描隧道显微镜的不足。它与扫描隧道显微镜最大的差别在于并非利用电子隧穿效应，而是检测原子之间的接触、原子键合、范德华力或卡西米尔效应等来呈现样品的表面特性。

6. 电子能谱

电子能谱分析法采用单色光源（如X射线、紫外光）或电子束去照射样品，使样品中内层电子或价电子受到激发而发射出来，然后测量这些电子的产额（强度）对其能量的分布，从中获得有关信息。主要有X射线光电子能谱法、俄歇电子能谱法及紫外光电子能谱法。该方法具有非破坏性和高表面灵敏度等特点，在化学研究，尤其是在结构分析和固体表面分析方面得到了广泛的应用。目前，在材料科学、电子学、环境科学、催化化学以及其他一些基础理论和应用研究领域中，电子能谱分析日益发挥着越来越重要的作用。

（1）X射线光电子能谱法

X射线光电子能谱法（X-ray photoelectron spectroscopy，XPS）是以X射线为激发光源的光电子能谱，因最初主要应用于化学领域，故又称为化学分析用电子能谱法（electron spectroscopy for chemical analysis，ESCA）。X射线光电子能谱法不仅能对除氢、氦以外的所有元素进行定性和定量分析，而且能对化合物进行结构分析。该分析法具有样品不被X射线分解，所需样品量少和绝对灵敏度高等诸多优点。但是X射线光电子能谱分析相对灵敏度不高，只能检测出样品中含量在0.1%以上的组分，而且X射线光电子能谱仪价格昂贵，不便普及。

（2）俄歇电子能谱法

俄歇电子能谱法（auger electron spectroscopy，AES）利用具有一定能量的电子束或X

射线激发样品产生俄歇效应，通过检测俄歇电子的能量和强度，从而获得有关表面层化学成分和结构的信息。俄歇电子峰的能量具有元素特征性，可以用于定性分析。俄歇电流近似地正比于被激发的原子数目，据此可以进行定量分析。俄歇电子能谱法是一种快速、灵敏的表面分析方法。该方法不论在理论和技术方面或实际应用方面都还在不断发展。目前，提高定量分析的准确性和增强横向分辨能力是主要的努力方向。

(3) 紫外光电子能谱

紫外光电子能谱（ultraviolet photo electron spectroscopy，UPS）是以紫外光为激发源使样品光电离而获得的光电子能谱。目前，采用的光源多为光子能量小于 100eV 的真空紫外光源（常用 He、Ne 等气体放电中的共振线）。与 X 射线光子可以激发样品芯层电子不同，这个能量范围的光子只能激发样品中原子、分子的外层价电子或固体的价带电子。紫外光电子能谱可用于一些化合物的结构定性分析，以及有关分子轨道和化学键性质的分析。紫外光电子能谱法不适于进行元素定性分析工作。此外，由于谱峰强度的影响因素太多，因而紫外光电子能谱法尚难以准确进行元素定量分析工作。

7. 衍射分析

衍射分析方法是以材料结构分析为基本目的的材料现代分析测试方法。衍射是材料衍射分析方法的技术基础，是电磁辐射或运动电子束、中子束等与材料相互作用产生相干散射（弹性散射），相干散射相长干涉的结果。衍射分析包括 X 射线衍射分析、电子衍射分析及中子衍射分析等方法。

(1) X 射线衍射

X 射线衍射法（X-ray diffraction，XRD）是一种研究晶体结构的分析方法，不能直接研究试样中元素的种类和含量。X 射线照射晶体时，电子受迫振动产生相干散射。同一原子内各电子散射波相互干涉形成原子散射波。由于晶体内各原子呈周期排列，因而各原子散射波间也存在固定的位相关系而产生干涉作用，在某些方向上发生相长干涉，即形成了衍射波。由此可知，衍射的本质是晶体中各原子相干散射波叠加（合成）的结果。

(2) 电子衍射

电子衍射分析（electron diffraction analysis，EDA）的理论依据是入射电子被样品中的原子弹性散射后相互干涉，在某些方向上一致加强而形成样品的电子衍射波。由于物质对电子的散射作用很强，远强于物质对 X 射线的散射作用，因而电子（束）穿透物质的能力大大减弱，所以电子衍射只适于材料表层或薄膜样品的结构分析。透射电子显微镜上配置选区电子衍射装置，使得薄膜样品的结构分析与形貌观察有机结合起来，这是 X 射线衍射无法比拟的优点。

(3) 中子衍射

中子衍射分析（neutron diffraction）通常指德布罗意波长为 10cm 左右的中子（热中子）通过晶态物质时发生的布格衍射。由于中子具有不带电、有磁矩、比 X 射线更高穿透性，以及能区别同位素等特点，使得中子衍射与 X 射线和电子衍射能相互补充。目前中子衍射法主要应用于晶体结构、磁结构、结构相变、择优取向、晶体形貌、位错缺陷研究以及非晶态等其他方面。该法的缺点是需要特殊强中子源，以及源强不足而常需较大样品和较长数据收集时间。

8. 热分析

热分析法（thermal analysis，TA）是指在程序控制温度条件下，研究样品中物质在受热或冷却过程中其性质和状态的变化，并将这种变化作为温度或时间的函数来研究其规律的一种技术。热分析法是一种动态跟踪测量技术，与静态法相比有连续、快速、简单等优点。目前从热分析技术对研究物质的物理和化学变化所提供的信息来看，热分析技术已广泛地应用于无机化学、有机化学、高分子化学、生物化学、冶金学、石油化学、矿物学和地质学等各个学科领域。

(1) 热重分析

热重法（thermogravimetry，TG）是在程序控温条件下，测量物质的质量与温度关系的热分析方法。凡物质受热时发生质量变化的物理或化学变化过程，均可用热重法分析、研究。

(2) 差热分析

差热分析法（differential thermal analysis，DTA）是在程序控温条件下，测量样品与参比物（又称基准物，即在测量温度范围内不发生任何热效应的物质，如 α-Al_2O_3、MgO 等）之间的温度差与温度关系的一种热分析方法。差热分析法可用于部分化合物的鉴定，定性分析物质的物理或化学变化过程，以及半定量测定反应热。但是，由于 DTA 的影响因素是多方面的、复杂的，有的因素也是较难控制的，因此，要用 DTA 进行定量分析比较困难，一般误差很大。

(3) 差示扫描量热分析

差示扫描量热法（differential scanning calorimetry，DSC）是在程序控温条件下，测量输入给样品与参比物的功率差与温度关系的一种热分析方法。目前主要有两种差示扫描量热法，即功率补偿式差示扫描量热法和热流式差示扫描量热法。差示扫描量热法与差热分析法的应用有较多相同之处，但由于差示扫描量热法克服了差热分析法以 ΔT 来间接表达物质热效应的缺陷，具有分辨率高、灵敏度高等优点，因而能定量测定多种热力学和动力学参数，且可进行晶体微细结构分析等工作。

七、化学实验的误差及数据处理

1. 有效数字

分析工作中实际能测量到的数字称为有效数字。任何测量数据，其数字位数必须与所用测量仪器及方法的精确度相当，不应任意增加或减少。在有效数字中只有一位不定值，例如一滴定管的读数为 32.47，百分位上的 7 是不准确的或可疑的，称为可疑数字，因为刻度只刻到十分位，百分位上的数字为估计值。而其前边各位所代表的数量，均为准确知道的，称为可靠数字。关于数字 0，它可以是有效数字，也可以不是有效数字。“0”在数字之前起定位作用，不属于有效数字；在数字之间或之后属于有效数字。不是测量所得的自然数视为无限多位的有效数字。

如：0.001435 为四位有效数字，10.05、1.2010 分别为四位和五位有效数字。方指数不论数字大小，均不属于有效数字，如 6.02×10^{23} 为三位有效数字。对数值（pH、pOH、pM、pK_a、pK_b、$\lg K_f$ 等）有效数字的位数取决于小数部分的位数，如 pH＝4.75 为两位有效数字，pK_a＝12.068 为三位有效数字。

在计算过程中有效数字的适当保留也很重要。下列规则是一些常用的基本法则。

① 记录测量数值时，只保留一位可疑数字。

② 当有效数字位数确定后，其余数字应一律舍弃。舍弃办法：采取“四舍六入五留双”的规则，即当尾数≤4 时舍弃，尾数≥6 时进位，当尾数＝5 时，如果前一位为奇数，则进位，如前一位为偶数，则舍弃。例如，27.0249 取四位有效数字时，结果为 27.02，取五位有效数字时，结果为 27.025。又例如 7.1035 和 7.1025 取四位有效数字时，则分别为 7.104 与 7.102。

③ 几个数据相加或相减时，它们的和或差的有效数字的保留，应该以小数点后位数最少（即绝对误差最大）的数字为准。例如：

$$0.0121+25.64+1.05782=0.01+25.64+1.06=26.71$$

④ 在乘除法中，有效数字的保留，应该以有效数字位数最少（即相对误差最大）的为准。例如：

$$0.0121\times 25.64\times 1.05782=0.0121\times 25.6\times 1.06=0.328$$

⑤ 在对数计算中，所取对数的位数应与真数的有效数字位数相等。

⑥ 在所有计算式中的常数如$\sqrt{2}$、1/2、π 等非测量所得的数据可以视为有无限多位有效数字。其他如原子量等基本数量，如需要的有效数字位数少于公布的数值，可以根据需要保留。

⑦ 误差和偏差一般只取一位有效数字，最多取两位有效数字。

2. 准确度和精密度

(1) 准确度与误差

测定值与真实值之间的接近程度称为准确度，可用误差表示，误差越小，准确度越高。误差又分为绝对误差和相对误差。

① 绝对误差。实验测得的数值 x 与真实值 T 之间的差值称为绝对误差 E。即：

$$E=x-T \tag{1-1}$$

② 相对误差。相对误差是指绝对误差占真实值的百分比。即：

$$E_r=\frac{E}{T}\times 100\% \tag{1-2}$$

对多次测定结果，则采用平均绝对误差和平均相对误差，平均绝对误差即为测定结果平均值与真实值之差，平均绝对误差占真实值之百分比即为平均相对误差。

$$\overline{E}=\overline{x}-T \tag{1-3}$$

$$\overline{E}_r=\frac{\overline{E}}{T}\times 100\% \tag{1-4}$$

(2) 精密度与偏差

对同一样品多次平行测定结果之间的符合程度称为精密度，用偏差表示。偏差越小，说明测定结果精密度越高。偏差有多种表示方法。

① 绝对偏差和相对偏差。由于真实值往往不知道，因而只能用多次分析结果的平均值代表分析结果（即以平均值为“标准”），这样计算出来的误差称为偏差。偏差也分为绝对偏差及相对偏差。

绝对偏差是指某一次测量值与平均值的差异。即：

$$d_i = x_i - \bar{x} \tag{1-5}$$

相对偏差是指某一次测量的绝对偏差占平均值的百分比。即：

$$d_r = \frac{d_i}{\bar{x}} \times 100\% \tag{1-6}$$

② 平均偏差。为表示多次测量的总体偏离程度，可以用平均偏差（$\bar{d}$），它是指各次偏差的绝对值的平均值。

$$\bar{d} = \frac{|d_1| + |d_2| + |d_3| + \cdots + |d_n|}{n} = \frac{\sum_{i=1}^{n} |d_i|}{n} \tag{1-7}$$

平均偏差没有正负号。平均偏差占平均值的百分数称为相对平均偏差（$\bar{d}_r$）。即：

$$\bar{d}_r = \frac{\bar{d}}{\bar{x}} \times 100\% \tag{1-8}$$

③ 标准偏差和相对标准偏差。在分析工作中，标准偏差是表示精密度较好的方法。当测定次数有限（$n<20$）时，标准偏差常用下式表示：

$$S = \sqrt{\frac{\sum_{i=1}^{n} (x_i - \bar{x})^2}{n-1}} = \sqrt{\frac{\sum_{i=1}^{n} d_i^2}{n-1}} \tag{1-9}$$

用标准偏差表示精密度比平均偏差好，能更清楚地说明数据的分散程度。

相对标准偏差也称为变异系数，是标准偏差占平均值的百分率。

$$S_r = \frac{S}{\bar{x}} \times 100\% \tag{1-10}$$

(3) 提高分析结果准确度的方法

准确度与精密度有着密切的关系。准确度表示测量的准确性，精密度表示测量的重现性。在评价分析结果时，只有精密度和准确度都好的方法才可取。在同一条件下，对样品多次平行测定中，精密度高只表明偶然误差小，不能排除系统误差存在的可能性，即精密度高，准确度不一定高。只有在消除或减免系统误差的前提下，才能以精密度的高低来衡量准确度的高低。如精密度差，实验的重现性低，则该实验方法是不可信的，也就谈不上准确度高。

为了获得准确的分析结果，必须减少分析过程中的误差。

① 选择适当的分析方法。不同的分析方法有不同的准确度和灵敏度。对常量成分（含量在1%以上）的测定，可用灵敏度不太高，但准确度高（相对误差小于0.2%）的重量分析法或滴定分析法；对微量成分（含量在0.01%～1%之间）或痕量组分（含量在0.01%以下）的测定，则应选用灵敏度较高的仪器分析法。如常用的分光光度法检测下限可达$10^{-4}\%$～$10^{-5}\%$，但分光光度法分析结果的相对误差一般在2%～5%，准确度不高。因此，必须根据所要分析的样品情况及对分析结果的要求，选择适当的分析方法。

② 减小测量误差。为了提高分析结果的准确度，必须尽量减小各测量步骤的误差。如滴定管的读数有±0.01mL误差，一次滴定必须读两次数据，可能造成的最大误差是±0.02mL。为使滴定的相对误差小于0.1%，消耗滴定液的体积必须在20mL以上。又如用分析天平称量，称量误差为±0.0001g，每称量一个样品必须进行两次称量，可能造成的最大误差是±0.0002g，为使称量的相对误差小于0.1%，每一个样品必须称取0.2g以上。

③ 减小偶然误差。在消除或减小系统误差的前提下，通过增加平行测定的次数，可以

减小偶然误差。一般要求平行测定3～5次，取算术平均值，便可以得到较准确的分析结果。

④ 消除系统误差。检验和消除系统误差对提高准确度非常重要，主要方法有：

a. 对照试验。对照试验是检查系统误差的有效方法。对照试验分标准样品对照试验和标准方法对照试验等。

标准样品对照试验是用已知准确含量的标准样品（或纯物质配成的合成试样）与待测样品按同样的方法进行平行测定，找出校正系数以消除系统误差。

标准方法对照试验是用可靠的分析方法与被检验的分析方法，对同一试样进行分析对照。若测定结果相同，则说明被检验的方法可靠，无系统误差。

许多分析部门为了解分析人员之间是否存在系统误差和其他方面的问题，常将一部分样品安排在不同分析人员之间，用同一种方法进行分析，以资对照，这种方法称为内检。有时将部分样品送交其他单位进行对照分析，这种方法称为外检。

b. 空白试验。在不加样品的情况下，按照与样品相同的分析方法和步骤进行分析，得到的结果称为空白值。从样品分析结果中减掉空白值，这样可以消除或减小由蒸馏水及实验器皿带入的杂质引起的误差，得到更接近于真实值的分析结果。

c. 校准仪器。对仪器进行校准可以消除系统误差。例如，砝码、移液管、滴定管和容量瓶等，在精确的分析中，必须进行校正，并在计算结果时采用校正值。但在日常分析中，有些仪器出厂时已经校正或者经国家计量机构定期校准，在一定期间内如保管妥善，通常可以不再进行校准。

d. 回收试验。用所选定的分析方法对已知组分的标准样进行分析，或对人工配制的已知组分的试样进行分析，或在已分析的试样中加入一定量被测组分再进行分析，从分析结果观察已知量的检出状况，这种方法称为回收试验。若回收率符合一定要求，说明系统误差合格，分析方法可用。

3. 作图技术简介

实验得出的数据经归纳、处理，才能合理表达，得出满意的结果，结果处理一般有列表法、作图法和数学方程法和计算机数据处理等方法。

（1）列表法

把实验数据按自变量与因变量一一对应列表，把相应计算结果填入表格中，本法简单清楚。列表时要求如下：

① 表格必须写清名称；

② 自变量与因变量应一一对应列表；

③ 表格中记录数据应符合有效数字规则；

④ 表格亦可表达实验方法、现象与反应方程式。

（2）作图法

作图法是化学研究中结果分析和结果表达的一种重要方法。正确的作图可以使我们从大量的实验数据中提取出丰富的信息和简洁、生动地表达实验结果。作图法的要求如下：

① 自变量为横轴，因变量作纵轴；

② 选择坐标轴比例时要求使实验测得的有效数字与相应的坐标轴分度精度的有效数字位数相一致，以免作图处理后得到的各量的有效数字发生变化。坐标轴标值要易读，必须注明坐标轴所代表的量的名称、单位和数值，注明图的编号和名称，在图的名称下面要注明主

要测量条件。根据作图需要，不一定所有图均要把坐标原点取为“0”；

③ 将实验数据以坐标点的形式画在坐标图上，根据坐标点的分布情况，把它们连接成直线或曲线，不必要求它全部通过坐标点，但要求坐标点均匀地分布在曲线的两边。最优化作图的原则是每一个坐标点到达曲线距离的平方和最小。

(3) 数学方程法和计算机数据处理

按一定的数学方程式编制计算程序，由计算机完成数据处理和制作图表。

4. 分析结果的数据处理与报告

在分析工作中常用平均值表示测定结果，但有限次测量数据的平均值是有误差的。在给出平均值的同时，并报告实验的相对平均偏差或标准偏差，就会合理和严谨得多。

(1) 双份平行测定结果的报告

对于双份平行测定结果，如果不超过允许公差，则以平均值报告结果。双份平行测定结果的精密度按下式计算：

$$相对平均偏差=\frac{|x_1-x_2|}{2\overline{x}}\times 100\%$$

标定标准溶液浓度，如果只进行双份测定，一般要求其标定相对平均偏差小于 0.15%，才能以双份平均值作为其浓度标定结果，否则必须进行多份标定。

(2) 多次平行测定结果的报告

在非例行分析中，对分析结果的报告要求较严，应按统计学观点综合反映出准确度、精密度等指标，可用平均值 $\overline{x}$、标准偏差 S 报告分析结果。

例如，分析某试样中铁的质量分数，7 次测定结果如下：39.10%，39.25%，39.19%，39.17%，39.28%，39.22%，39.38%。数据的统计处理过程如下：

根据所有测定结果，求出平均值 $\overline{x}$：

$$\overline{x}=\frac{39.10+39.25+39.19+39.17+39.28+39.22+39.38}{7}\%=39.23\%$$

求出平均偏差 $\overline{d}$：

$$\overline{d}=\frac{|-0.13|+|0.02|+|-0.04|+|-0.06|+|0.05|+|-0.01|+|0.15|}{7}\%=0.07\%$$

求出标准偏差 S：

$$S=\sqrt{\frac{(0.13)^2+(0.02)^2+(0.04)^2+(0.06)^2+(0.05)^2+(0.01)^2+(0.15)^2}{7-1}}\%=0.09\%$$

八、绿色化学与双碳目标

绿色是地球生命的象征，绿色是持续发展的标志。

绿色化学又称环境无害化学、环境友好化学、清洁化学、原子经济化学等。绿色化学是用化学技术和方法减少或消灭那些对人类健康、社会安全、生态环境有害的原料、催化剂、溶剂和试剂的生产和应用，同时也要在生产过程中不产生有毒有害的副产物、废物和产品，力求使化学反应具有“原子经济性”，实现废物的“零排放”，其目标是把传统化学和化工生产的技术路线从“先污染，后治理”变为“从源头上根除污染”。它是当今国际化学化工研究的前沿，已成为 21 世纪化学工业的主要发展方向之一。

1. 绿色化学原则

要达到无害环境的绿色化学目标，在制造与应用化工产品时，要有效地利用原材料，最好是再生资源，减少废弃物量，并且不用有毒与有害的试剂与溶剂。为了达到此目标，Anastas 和 Warner 提出了著名的十二条绿色化学原则，作为开发环境无害产品与工艺的指导，这些原则涉及合成与工艺的各个方面。

绿色化学的十二条原则是：

① 预防环境污染。在可能情况下，应尽可能把污染消除在源头，即不让其产生，而不是让其产生以后再去处理。

② 最有效地设计化学反应和过程，最大限度地提高原子经济性。设计的合成方法应当使工艺过程中所有的物质都用到最终的产品中去。

③ 尽可能不使用、不产生对人类健康和环境有毒有害的物质。

④ 设计较安全的化合物。尽可能有效地设计功效卓著而又无毒无害的化学品。

⑤ 尽量不使用溶剂等辅助物质，如必须使用时，采用无毒无害的溶剂代替挥发性有毒有机物作溶剂。

⑥ 有节能效益的设计。即在考虑环境和经济效益的同时，尽可能使能耗最低。

⑦ 尽量采用再生资源作原料，特别是用生物质代替化石原料。

⑧ 尽量减少副产品。

⑨ 选用高选择性的催化剂。

⑩ 设计可降解产物。化学产物应当设计成为在使用之后能降解成为无毒害的降解产物，而不残存于环境之中。

⑪ 开发实时分析技术，实现在线监测。

⑫ 对参加化学过程的物质进行选择，采用本身安全、能防止发生意外（如火灾、爆炸等）的化学品。

绿色化学十二条原则主要体现了要充分关注环境的友好和安全、能源的节约、生产的安全性等问题，它们对绿色化学而言是非常重要的。在实施化学生产的过程中，应该充分考虑这些原则。

2. 化学反应的原子经济性

原子经济性是绿色化学的核心内容。在传统的化学中，评价化学反应中原料转化成产物的程度均用“产率”表示，就是基于某种原料转化成产物来衡量的。如果一种原料在反应过程中完全地转化成产物，就是说“产率”是 100%，但这种评价方法忽略了副产物的产生或其伴随反应的发生。有时，即使“产率”为 100%，也有大量的废物产生，甚至会出现废物比目标产物多的现象，所以“产率”不能反映出废物产生的信息。

1991 年美国 Stanford 大学的著名有机化学家 Trost 首先提出原子经济性这一概念。原子经济性就是指反应物中的原子有多少能嵌并入期望的产物中，有多少变成废弃的副产物，其计算公式如下：

$$\text{原子经济性}(\%)=\frac{\text{预期产物的分子量}}{\text{反应物质的分子量之和}}\times 100\%$$

这是一个在原子水平上评估原料转化程度的新思想，一个化学反应的原子经济性越高，原料中的物质进入产物的量就越多。理想的原子经济性反应是原料物质中的原子 100%地转入产物，不产生其他副产物，即没有废物，实现了零排放。由此看来，也可以把原子经济性看作原子利用效率。用原子经济性来估算不同工艺条件下的原子利用程度可以提供两个非常重要的信息：其一是否最大程度地利用了原料，其二是否最大程度地减少了废物的排放。一个有效的化学工艺所包括的化学反应，不仅要有高的选择性，而且必须具有较好的原子经济性。原料物质中的原子不需要任何附加物质（有时可有催化剂）即可百分之百地转化成预期产物。分子的重排反应、烯烃的加成反应、烯烃的双聚和低聚反应、苯与烯烃的烷基化反应等均为100%的原子经济性反应。开发新型高原子经济性反应和化学工艺是绿色化学研究中的一个非常重要的方面。

3. 绿色化学举例

瑞典皇家科学院 2005 年 10 月 5 日宣布，将 2005 年诺贝尔化学奖授予法国化学家伊夫·肖万（Yves Chauvin）、美国化学家罗伯特·格拉布（Robert H. Grubbs）和理查德·施罗克（Richard R. Schrock），以表彰他们在烯烃复分解反应研究领域做出的贡献。

烯烃复分解反应是由金属烯烃配合物（也称金属卡宾）催化的不饱和碳碳双键或者三键之间的碳架重排反应。按照反应过程中分子骨架的变化，可以分为交叉复分解反应、关环复分解反应、非环双烯的易位聚合、开环易位聚合、烯炔复分解反应和开环交叉复分解反应等情况，如图 1-10 所示。

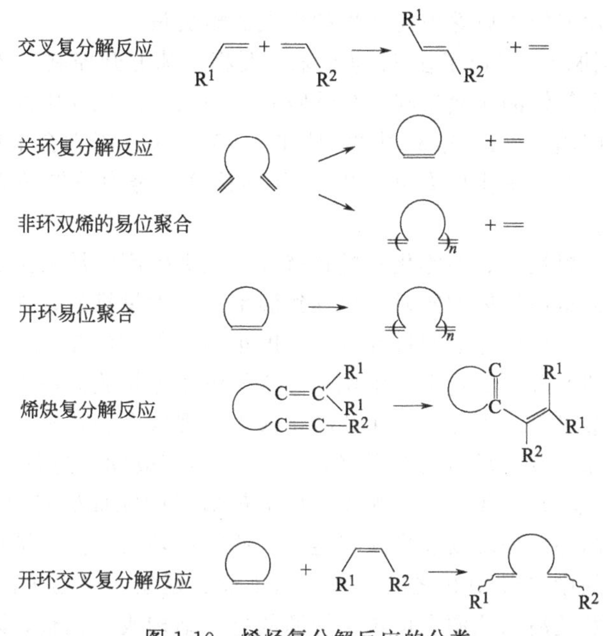

图 1-10　烯烃复分解反应的分类

有机合成中的烯烃复分解反应被广泛认为是最重要的催化反应之一。这一反应的重要性体现于它在包括基础研究、药物及其他具有生物活性的分子合成、聚合物材料及工业合成等各个领域的广泛应用。20 世纪 50 年代中期，人们发现在催化剂的作用下，烯烃的碳碳双键会被拆散、重组，发生复分解反应形成新分子。由于当时使用的催化剂对空气、水汽和体系中的杂质敏感，需要强路易斯酸等作助催化剂，寿命短及产生副反应而在有机化学的应用中受到很大的局限。在随后的近 20 年里，由于反应机理不明，人们只不过是在黑暗中摸索，没有取得较大进展。1971 年，肖万提出烯烃复分解反应中的催化剂应当是金属卡宾，并详细解释了金属卡宾作催化剂的反应机理。随后施罗克和格拉布等人分别提出金属钼的卡宾化合物和金属钌的卡宾化合物可以作为非常有效的烯烃复分解反应的催化剂，并被工业上普遍使用。三位诺贝尔奖获得者的工作使得烯烃复分解反应：

① 更加有效，其应用可减少目标产物的合成步骤，减少资源和材料的消耗和浪费。

② 更加简单易行，实现了在空气中的稳定，并可以在常温和常压下有效实施催化的体系。

③ 对环境更加有利，可使用无害溶剂，并产生低毒废物（理论副产物仅为乙烯可以再利用）。

这些成果从反应条件、催化剂的催化活性、合成路线的长短、产物的环境安全性、原子经济性等方面都使烯烃复分解反应向绿色化学目标迈进。诺贝尔化学奖评委会主席佩尔·阿尔伯格说，他们的发现标志着有机化学的理论研究和合成方法向前迈进了一大步。对化学工业、药品工业、合成先进塑料材料及未来“绿色化学”的发展都起着革命性的推动作用，具有巨大的潜在经济效益。

4. 双碳目标

“双碳”目标是碳达峰与碳中和的简称，指中国力争 2030 年前实现碳达峰，2060 年前实现碳中和。“双碳”目标是党中央基于对推动构建人类命运共同体的国际担当与推动我国经济社会实现可持续发展的深思熟虑而作出的重大战略决策。

2015 年的《巴黎协定》提出了在 21 世纪末，要将地球温升控制在 2℃，并把 21 世纪下半叶实现人类活动温室气体的排放量与大自然吸收相平衡，即气候中性（又称碳中和）作为实现政治目标的具体措施。2020 年 9 月 22 日在第 75 届联合国大会上中国政府郑重承诺，将提高国家自主贡献力度，碳排放力争于 2030 年前达峰，努力争取 2060 年前实现碳中和，充分体现了大国担当。

自工业革命以来，煤炭、石油等化石燃料就成为人类生产生活最主要的能源。大量使用化石能源在推动生产力迅速发展的同时，也导致温室气体大量排放，加剧全球变暖。随着碳排放总量逐年增长，气候变化已引起世界各国高度重视，“碳中和”概念继而被提出。碳中和指净碳足迹为零，即实现二氧化碳、甲烷等温室气体净零排放。由于温室气体中二氧化碳比重最高、温室效应最显著，因此二氧化碳减排成为实现碳中和目标的关键。

从碳达峰到碳中和，我国承诺的期限仅为 30 年。而完成同一进程，欧盟承诺期限为 71 年，美国为 43 年，日本为 37 年。要以人类历史上最短时间完成碳排放强度最大全球降幅，我国实现“双碳”目标必然面临发展模式转型、产业结构转变、能源结构调整等一系列严峻挑战。依托科技创新的中国碳中和之路，需要以工业、建筑、交通为减排重点降低能耗总量，以去煤化、充分发展清洁能源和可再生能源的能源结构改良调整，以二氧化碳资源化利用实现回收二氧化碳理想可行路径，以推动节能减排的“全民行动”等多环节齐头并进，继续打好污染防治攻坚战，把碳达峰、碳中和纳入经济社会发展和生态文明建设整体布局，建立健全绿色低碳循环发展的经济体系，推动经济社会发展全面绿色转型。

九、化学信息资源

1. 概述

当今的时代是一个信息时代。信息对于经济和社会的发展、科技文化的进步都起着重要的作用。在信息时代，谁掌握了最新信息，谁就掌握了主动性。信息是日常生活中常见的现象。知识、情报和文献首先应当属于信息的范畴。

化学文献是用文字、图形、符号、声像等表达的化学知识，是人类从事化学化工生产活动和科学实验的客观记录。化学文献具有如下几个特点：①数量大。各种研究成果的大量涌现使得文献数量迅速增加。②形式多。化学文献形成了印刷、声像、电子出版物、Internet在线出版物等多种形式并存的局面。③文种多。仅美国《化学文摘》每年收摘的文献语种就有60种左右。

(1) 化学文献种类

化学文献的类型有多种，包括零次文献（一次文献的素材）、一次文献（创造性）、二次文献（浓缩性）、三次文献（综合性）等。

零次文献指未经人工正式物化，未公开于社会的原始文献。例如未正式发表的书信、手稿、讨论稿、设计草图、生产记录、实验记录等。零次文献分散在科技人员手中，使用和传播范围小，保密性强，收集、验证、管理都比较困难。由于其原始性、新颖性，因而具有较大的使用价值。

一次文献（原始文献）指以科研成果、新产品设计为依据写成的原始论文，有的是零次文献的总结。期刊论文、科技报告、会议资料、专利说明书、学位论文、技术标准等都属于一次文献。一次文献能在科研、生产和设计中起参考和借鉴作用。一次文献是最基本的信息源之一，是文献检索的最终查找对象。

二次文献指按一定规则对一次文献进行分类整理、浓缩加工后形成的有系统的文献。能够全面、系统地反映某学科领域的一次文献线索，亦即检索工具，例如目录、索引和文摘。美国《化学文摘》和美国科学信息研究所（Institute for Scientific Information，ISI）出版的SCI是化学化工方面文献的最重要的检索工具。

三次文献指在二次文献的引导下，对选择的一次文献内容进行分析、综合和评述。例如学科动态综述、评论、年度总结、领域的进展等等。有些是在大量原始文献基础上筛选出来而编写的著作、教材、丛书、手册、年鉴和参考工具书。

从一次文献到二次、三次文献，是一个由分散到集中，由无组织到系统化的过程。对于文献检索来说，查找一次文献是主要目的。二次文献是检索一次文献的手段和工具。三次文献可以让我们对某个课题有一个广泛的、综合的了解。应该说，就数据等资料而言，一次文献应更可靠，因为二次文献、三次文献在转引过程中难免有错。

(2) 化学文献的出版形式

文献的出版形式包括图书（教材、专著、工具书）、连续出版物（报纸、期刊、丛书、在线杂志等）以及特种文献（科技报告、专利文献、学位论文、会议资料、政府出版物、技术标准、产品目录、技术档案等）等。

(3) 文献查阅与化学工作者科学研究间的关系

人们在从事科学研究和技术研究中，首先要了解目前的状况前人都做过哪些工作，取得了什么成绩，存在着哪些问题，然后才是制定课题方案，着手实施。而要了解这些情况，主要是要查阅有关资料，这就是文献检索。凡是以文摘、目录、原始文献为检索对象的都称为文献检索。在文献中查找关于某一主题、某一作者、某一产品、某一材料的有关资料，以及某篇论文的出处、某一出版物的收藏处等也属于文献检索。

掌握文献检索方法，对于所有化学工作者是必不可少的。只有对前人和同行的科研成果和经验充分吸收、借鉴才能进行事半功倍的创造性工作。因此，文献调研是科学研究过程中的最为关键的部分之一。据统计，传统的研究中大约 1/3 的工作时间是在查阅资料。目前主要通过两个途径进行文献检索：一种是采用传统的手工方式，另一种是通过计算机和网络检索文献。近年来后者发展非常迅速，通过通讯卫星与国外主机相联或者通过中国教育科研网与国内的相关信息站点相联，就可以高效率地进行文献检索。

可以将查阅文献与化学工作者的关系概括为以下几点：①调查研究，立足创新。通过对有关文献的全面调查研究，摸清国内外是否有人做过或者正在进行的工作，取得了一些什么成果，尚存在什么问题，以避免重复劳动，同时也是为了借鉴、改进和部署自己的工作。只有这样才能做到心中有数，才能有所发现、有所创新、有所进步。②拓宽知识面，改善知识结构。新的科学技术使人类社会生产的产业结构正处在急剧的变化之中，边缘科学大量出现，高新技术不断发展。因此，人们的知识需要更新、拓宽。③启迪创造性思维。文献资料作为过去经验的总结，又是以后工作的向导，在人们的科学研究中起着千里眼的作用。④提高自学和独立工作的能力。现代人才的培养已经不单纯是简单的知识传授，还必须同时包括自学能力、思维能力、研究能力、表达能力以及组织管理能力等智能方面的培养。

(4) 怎样查阅化学文献

化学文献浩如烟海，要迅速准确地检索出所需文献，必须讲究文献的查阅检索方法，尤其是要学会网络数据库的使用。

① 检索前的思考。检索前需要弄清楚一些问题，包括查阅文献的目的，查什么，准备作什么用，是否已经掌握了一定的资料，查找文献的时间范围有什么考虑，查找文献的地域范围有什么要求，准备查找哪些类别的文献，是专利、期刊论文还是学位论文？此外，采用什么检索工具？是否准备机检或网上检索？准备用追溯法还是直接法或其他方法进行检索？

② 检索中的决断。着手采用某一种检索工具时，需要了解该检索工具有几种检索途径，主题索引的结构特点，文摘的著录格式以及文摘中的缩写词和符号。检索过程中对情报的筛选要做到心中有数，并仔细记录和保存检索结果。需要指出的是，当查不到合适的文献时也需对有间接参考价值的文献记录下来。

③ 检索后的分析和利用。选出重要文献仔细研读，通过对比、分析、推论和综合，判断这些文献的新颖性和使用价值。必要时对获得的文献进行归纳或写出综述、评论。

④ 养成调阅文献的习惯。科研工作者应结合业务工作实际，随时留意化学信息和动态，熟悉化学情报源及检索的基本知识，并具备快速阅读的能力。

(5) 化学学科的一些重要国内外期刊

因篇幅有限，下面仅列举出部分有代表性的国内外化学相关的刊物。

有代表性的国外刊物：《Science》《Nature》《Chem Rev》《Chem Soc Rev》《Accounts Chem Res》《Angew ChemInt Edit》《J Am Chem Soc》《Chem Mater》《Chem Eur J》《Chem Commun》《Anal Chem》《J Catal》《Biomaterials》《Org Lett》《Biochem J》《J Phys Chem A》《J Phys Chem B》《J Phys Chem C》《Macromolecules》《Inorg Chem》《Langmuir》《J Electrochem Soc》《Electrochem Commun》《J Org Chem》《Chem Phys Chem》《Green Chem》《Polymer》《Nano Lett》《Adv Mater》《Adv Funct Mater》《Nanotechnology》等。

有代表性的国内刊物：《化学学报》《高等学校化学学报》《中国化学》《科学通报》《中国科学 B 辑》《高等学校化学研究》《有机化学》《中国化学快报》《分析化学》《光谱学与光

谱分析》《电化学》《应用化学》《化学进展》《化学通报》《物理化学学报》《金属学报》《高分子学报》《催化学报》《无机化学学报》《化学物理学报》《高分子科学》《结构化学》《无机材料学报》《环境化学》等。

2. 国内化学信息资源

目前，随着Internet技术的发展和普及，Internet在信息获取和信息传递方面所具有的作用也不断为人们所认识。互联网信息资源丰富多彩，其资源按费用可分为付费和免费两大类，按形式分有电子期刊、电子图书、图书馆馆藏目录以及其他电子文档等。本部分和下一部分分别介绍与化学相关的国内和国外主要的互联网信息资源。

(1) 中国知识资源总库

网址：http://www.cnki.net/

中国知识资源总库（National Knowledge Infrastructure，CNKI）是具有完备知识体系和规范知识管理功能的、由海量知识信息资源构成的学习系统和知识挖掘系统。由清华大学主办、中国学术期刊（光盘版）电子杂志社出版、清华同方知网（北京）技术有限公司发行。中国知识资源总库是一个大型动态知识库、知识服务平台和数字化学习平台。目前，中国知识资源总库拥有国内8200多种期刊、700多种报纸、600多家博士培养单位优秀博硕士学位论文、数百家出版社已出版图书、全国各学会/协会重要会议论文、百科全书、中小学多媒体教学软件、专利、年鉴、标准、科技成果、政府文件、互联网信息汇总以及国内外上千个各类加盟数据库等知识资源。中国知识资源总库中数据库的种类不断增加，数据库中的内容每日更新，每日新增数据上万条。

中国知识资源总库的重点数据库包括CNKI系列源数据库、CNKI系列专业知识仓库以及CNKI系列知识元数据库等。CNKI系列源数据库由各种源信息组成，如期刊、博硕士论文、会议论文、图书、报纸、专利、标准、年鉴、图片、图像、音像制品、数据等。该库按知识分类体系和媒体分类体系建立。

作为目前世界上最大的连续动态更新的中国期刊全文数据库（CJFD），它收录了国内8200多种综合期刊与专业特色期刊的全文，以学术、技术、政策指导、高等科普及教育类为主，同时收录部分基础教育、大众科普、大众文化和文艺作品类刊物，内容覆盖自然科学、工程技术、农业、哲学、医学、人文社会科学等各个领域，全文文献总量2200多万篇。该库产品分为十大专辑：理工A、理工B、理工C、农业、医药卫生、文史哲、政治军事与法律、教育与社会科学综合、电子技术与信息科学、经济与管理。十大专辑下分为168个专题和近3600个子栏目。该库文献收录年限为1994年至今，部分刊物回溯至创刊。产品有WEB版（网上包库）、镜像站版、光盘版、流量计费等多种形式。CNKI中心网站及数据库交换服务中心每日更新10000～20000篇文献，各镜像站点通过互联网或卫星传送数据可实现每日更新，专辑光盘每月更新，专题光盘年度更新，年新增文献300多万篇。

中国期刊全文数据库一共提供了三个检索功能入口，分别是初级检索、高级检索和专业检索，在这三个检索结果的基础上还可更进一步地进行二次检索。

(2) 超星数字图书馆

网址：http://book.sslibrary.com/

超星数字图书馆是国内最早开展数字图书馆相关技术研究和应用的商业公司，现已发展成为全球最大的中文数字图书馆，并列为国家863计划示范工程。目前很多学校都可以通过两个站点访问超星电子图书。

超星数字图书馆收集了国内各公共图书馆和大学图书馆以超星 PDG 技术制作的数字图书，以工具类、文献类、资料类、学术类图书为主，其中包括文学、经济、计算机等五十余大类，数十万册电子图书，300 多万篇论文，全文总量 4 亿余页，数据总量 30000GB，大量免费电子图书，并以每天上千册的速度不断增加与更新。超星数字图书馆为目前世界最大的中文在线数字图书馆。

(3) 重庆维普资讯

网址：http://www.cqvip.com/

重庆维普资讯公司隶属于中国科技信息所西南信息中心，是我国最早进行数据库加工出版的单位之一，其所出版的“中文科技期刊数据库（文摘版）”历史悠久且颇受用户欢迎。自 1999 年起，维普资讯公司开始进行期刊论文全文的加工制作和服务。

维普数据库包括四部分：中文科技期刊全文数据库，外文科技期刊题录数据库，中文科技期刊引文数据库，中国科技经济新闻数据库。

维普中文科技期刊全文数据库收录了 9000 余种期刊，学科覆盖理、工、农、医、教育、经济、图书情报等多个领域。维普电子期刊全文采用其特有的格式制作及传播，用户使用时须首先下载并安装其期刊全文阅读器——维普全文阅读器，才可对期刊全文进行浏览和阅读，点击每篇论文的篇名链接即可获取全文，也可进行打印及下载。

中文科技期刊引文数据库是重庆维普公司开发的国内最大的综合性文献数据库，收录 1989～2003 年出版的 12000 余种中文期刊题录、文摘和全文。学科范围覆盖理、工、农、医以及社会科学各专业。累积文献量 800 万篇。分 28 个专辑出版，数据年报道量 120 万条。科技信息网装载了中文期刊 1994 年以来的数据。

外文科技期刊题录数据库是重庆维普公司联合国内数十家图书馆，以其订购和收藏的外文期刊为依托建立的综合性文摘数据库。收录 1995 年以来出版的重要外文期刊 8000 种以上，文献语种以英文为主，学科包括理、工、农、医和部分社科专业，数据年报道量 100 万篇。通过维普公司遍布全国的合作单位，可便利地获取原文。

(4) 万方数据库

万方数据库是国内数据量最大的学位论文全文数据库，论文来源于国家法定的论文收藏单位——中国科技信息研究所，收录我国近 500 家学位授予单位的硕士、博士论文全文，已达 60 多万册。在 211 院校及全国高校重点学科领域具有独到的优势。

万方数据资源系统包括：中国数字化期刊群、科技信息子系统、商务信息子系统三个数据库。

中国数字化期刊群集纳了理、工、农、医、哲学、人文、社会科学、经济管理与教科文艺等 8 大类 100 多个类目的近 5500 余种各学科领域核心期刊，实现全文上网，论文引文关联检索和指标统计。从 2001 年开始，数字化期刊已经囊括我国所有科技统计源期刊和重要社科类核心期刊。

科技信息子系统汇集中国学位论文文摘、会议论文文摘、科技成果、专利技术、标准法规、各类科技文献、科技机构、科技名人等近百个数据库，其上千万的海量信息资源，为广大科研单位、公共图书馆、科技工作者、高校师生提供丰富的科技信息。

商务信息子系统面向用户推出工商资讯、经贸信息、咨询服务、商贸活动等项服务内容。其主要产品《中国企业、公司及产品数据库》(CECDB) 至今已收录 96 个行业、16 万家企业的详尽信息。

(5) 化学相关信息其他网站

① 化学信息网 ChIN。网址：http://chin.csdl.ac.cn/

作为重要的 Internet 化学化工资源导航，ChIN 网页是在联合国教科文组织 UNESCO 和国家基金委的支持下，由中国科学院化工冶金研究所计算机化学开放实验室建立的国际化学信息网 ChIN 主页。ChIN 网页除了 ChIN 的系列学术会议等进行介绍外，重点对 Internet 上重要的化学资源进行系统的索引和组织，使 ChIN 网页成为 Internet 化学资源的窗口，帮助国内外的人认识和利用网上的化学资源。

ChIN 具有以下一些特点。

a. 化学资源的精选，主要体现在：ⓐ主要工具及基本信息：化学数据库和化学软件是 ChIN 的重点收集主题，此外还有化学机构、会议、专利、图书等；ⓑ反映最新应用，即网上化学电子期刊、电子会议、化学品及其生产厂商目录、化学科技新闻、重要文章精选等；ⓒ反映国内进展，即国内化学资源、相关院系和研究机构等；ⓓ跟踪国际同行的进展；ⓔ其他相关资源，如搜索引擎、化学教育资源、化学工业信息等。

b. 建立化学资源信息库。为重要的资源建立摘要信息或信息简介，反映资源基本特征、资源原址链接、相关信息链接，并尽可能给出该资源新的进展情况。例如关于化学数据库的简介页一般给出数据库中包括哪些数据、数据库的规模、数据库的重要更新信息、数据库是否免费、数据库网址、相关链接等。

c. ChIN 的知识积累机制。ChIN 论坛是化学学者的个人经验的积累，非常值得借鉴参考，其建立了相关知识的积累目录。

② 化学在线。网址：http://www.chemonline.net/

化学在线网站由华南师范大学化学系建立。化学在线主页包括网站搜索、化学之门、化学村、化学软件、化教论坛、文献检索、化学会议、化学专著、个人博客等 9 个方面的内容，资源非常丰富。其中，化学之门子网页将 Internet 化学化工资源按学科和资源性质分类。化学软件子网页收集整理很多化学专业软件，按学科和应用领域分类，主要是免费软件。化学村子网页是一个化学虚拟社区，是化学化工工作者的理想乐园，在这里可以交友、讨论所有化学化工相关问题、寻求合作以及得到最新信息等等。

③ 中国科学研究信息门户网站。网址：http://www.sciei.com/

中国科学研究信息门户网站又称科研中国，主体部分包含内容最为丰富全面，由科研新闻、科研文章、科研资讯、科研会议、科研图片、科研下载、科研论坛、科研搜索和科研网址等部分组成，各部分均有不同针对性。

科研新闻（http://www.sciei.com/news）包括科学发现、科研进展、科技实事、教育科研、工程信息、新闻采集、国际新闻、趣味百科、新闻头条等内容。科研文章（http://www.sciei.com/article）包括科研综述、百家争鸣、博采众长、软件技术、专家访谈、科研写作等内容。科研资讯（http://www.sciei.com/info）包括科学基金、专家信息、招聘求职、科研报告等内容。科研会议（http://www.sciei.com/conference）包括国际会议、国内会议、软件年会、教育会议等内容。科研下载（http://www.sciei.com/soft）包括理学、工学、农学、医学、社科、软件、综合等内容。科研图片（http://www.sciei.com/photo）包括自然现象、科学实验：实验结果和实验仪器、科研进展、精英人物、科技仿真、综合图片等内容。科研论坛（http://www.sciei.com/bbs）包括理学、工学、软件、综合等内容。科研搜索（http://www.sciei.com/seek）汇集了国内外著名的科研学术数据库搜索引擎，综合了日常使用的网络搜索引擎、软件搜索、翻译搜索等。科研网址（http://www.sciei.com/link）包括了各个学科的学术网址。

④ 卓创资讯。网址：http://chem99.com/；http://www.ccecn.com

山东卓创资讯有限公司是一家专注于提供产业资讯的大型垂直门户网站运营商。目前专注于石油、化工、塑料、橡胶、煤化工、聚氨酯、陶瓷、有色金属等产品的市场资讯与电子商务服务，涉及几百个小类、上万种产品。服务形式为以网上信息浏览和手机短信为主，以VIP定制、市场调研、研究报告、会议会展、软件开发、网络广告等为辅的全方位、多层次的服务体系。

⑤ 中国化学会。网址：http://www.ccs.ac.cn/

中国化学会是从事化学或与化学相关专业的科技、教育工作者自愿组成并依法注册登记的学术性、公益性法人社会团体，是中国科学技术协会的组成部分，是我国发展化学科学技术的重要社会力量。

中国化学会主页包括首页、组织机构、学会动态、国际交流、期刊书籍、学会奖励、化学竞赛、科普工作、在线交流等模块，有中英文两个版面。期刊书籍又包括国内的一些主流杂志，例如：燃料化学学报、亚洲化学杂志、物理化学学报、中国化学等，并且能够通过网站提供的超链接进入相关杂志进行浏览和下载。

3. 国外化学信息资源

(1) 美国化学文摘

网址：http://info.cas.org/casdb.html

① 概述。美国《化学文摘》（Chemical Abstracts，CA）创刊于1907年，由美国化学文摘服务社（CAS of ACS，Chemical Abstracts Service of American Chemical Society）编辑出版。CA是涉及学科领域最广、收集文献类型最全、提供检索途径最多、部卷也最为庞大的著名的世界性检索工具。CA自称是“打开世界化学化工文献的钥匙”，在每一期CA的封面上都印有“Key to The World's Chemical Literature”。

CA报道了世界上150多个国家、56种文字出版的20000多种科技期刊、科技报告、会议论文、学位论文、资料汇编、技术报告、新书及视听资料，还报道了30个国家和2个国际组织的专利文献，每年报道的文献量约75万条，占世界化学化工文献总量的98%左右。CA报道的内容几乎涉及了化学家感兴趣的所有领域，其中除包括无机化学、有机化学、分析化学、物理化学、高分子化学外，还包括冶金学、地球化学、药物学、毒物学、环境化学、生物学以及物理学等很多学科领域。CA报道的内容主要包括理论化学和应用化学各方面的科研成果，是查找化学化工文献的重要检索工具。从20世纪60年代起，CA的编辑工作就开始从传统方法逐步向自动化过渡。1975年83卷起，CA的全部文摘和索引采用计算机编排，报道时差从11个月缩短到3个月，美国国内的期刊及多数英文书刊在CA中当月就能报道。

CA文摘的编排特点如下：1907～1960年为半月刊，1～54卷，1卷/年，每卷24期；1961年为双周刊，55卷，1卷/年，每卷26期；1962～1966年为双周刊，56～65卷，2卷/年，每卷13期；1967年至今为周刊，2卷/年，每卷26期。

② 结构与编排。

a. 期结构。CA每期的结构由以下三部分组成。ⓐ分类目次（Contents）。位于每期的第一页。CA的正文内容按分类编排，共分为5大类80小类，分别由相邻的单双期交替出版，单期出版前两个大类的1～34小类，双期出版后三个大类的35～80小类。这80个小类以"Sections"的形式反映在目次表上。只有把单、双期结合在一起，才构成一套完整的类目。从1997年126卷开始，CA对分类目次做了较大的调整，即无论单双期均刊载80个类目的全部内容。ⓑ文摘正文。即CA的主要内容。各类目下的文摘按文献类型分为四个部分，每部分之间以虚线"……"隔开。四部分的编排次序依次为：期刊论文（综述位于最前面）、会议录和资料汇编、技术报告、学位论文等类型的文献；新书及视听资料；专利文献；互见参考。ⓒ期索引。位于正文之后，每期都附有关键词索引、专利号索引和作者索引等三种索引。

b. 卷索引。CA每半年出版一卷，全年出两卷。CA卷索引包括普通主题索引、化学物质索引、索引指南、作者索引、专利索引、分子式索引、环系索引等。

c. 累积索引。累积索引的索引种类与卷索引相同，1907～1956年每10年累积一次，1957年至今每5年累积一次。第15次累积索引涉及年份为2002～2006年，卷数为136～145卷。

d. 辅助索引。除上述索引以外，为了指导读者更好地利用CA，编辑部还出版了一系列辅助索引：索引指南、杂原子索引（1967年66卷～1971年74卷）、环系索引、登记号索引（手册）、资料来源索引。

③ CA各索引之间的关系。

CA的索引体系按照与文摘的相互关系，可分为两大类：

a. 文摘索引。即索引直接提供文摘号，并可根据此文摘号直接查到文摘。包括期索引、卷索引、累积索引等。

b. 间接索引。属于指导性索引或辅助索引，不提供文摘号，仅为查阅文摘索引提供帮助。包括杂原子索引、环系索引、索引指南、登记号索引（手册）、资料来源索引等。

④ CA补充刊物。除以上所介绍的CA系列出版物外，CA还出版两种比较重要的补充刊物。

a.《化学文摘选辑》（CA Selects）。1976年根据英国皇家化学会化学信息服务社（United Kingdom Chemical Information Service，简称CIS）的倡导，由美国化学文摘社（CAS）和CIS合作编辑了《化学文摘选辑》。《化学文摘选辑》是CA的专题文献辑，这些选辑每两周出版一期，与同期的CA相对应。

b. CA综述索引（CA Review Index）。1975年由CIS根据与CAS签订的协议出版了CA的综述索引，是对CA收录的所有综述文献的索引，每年出版2期。

⑤ CA光盘数据库检索。目前国内检索CA电子版主要有3种途径：CA光盘版、Dialog国际联机和STN国际联机。

CA光盘每月更新。国内有清华大学图书馆、北京大学图书馆等单位购买了CA光盘。各单位一般都将光盘数据库连到校园网上供多用户共享。

Dialog系统是世界上最大的国际联机情报检索系统，也是我国情报界使用最多的系统。目前已有600多个文档，其中的399号文档为1967年至今的CA Search，但仅提供题目（title），没有文摘，并且价格昂贵。

STN（Scientific and Technical Information）系统创建于1983年，是由美国化学文摘社（CAS）、德国卡尔斯鲁厄专业情报中心（FIZ-Karlsruhe）以及日本科技情报中心（JICST）三家合作开发的国际性情报检索系统，拥有200多个数据库。STN是第一个实现图形检索的系统，具备化学物质及结构式的检索功能。其化学文摘数据库也是1967年至今的，并且含有文摘，但是目前国内的购买单位较少。

a. 基本检索方式。CA 光盘版提供 4 种检索方式，分别为索引浏览（index browse）、词条检索（word search）、化学物质等级（substance hierarchy）和分子式等级（formula hierarchy）。4 个对应快捷按钮 Browse、Search、Subst、Form 列在检索屏幕的左上角。索引浏览和词条检索方式均有 15 种字段供选择，分别为 Word（自由词，包括在文献题目、文摘、关键词、普通主题中出现的所有可检索词汇）、CASRN（CAS 登记号）、Author（作者或发明者）、Gen. Subj.（普通主题）、Patent No.（专利号）、Formula（分子式）、Compound（化合物）、CAN（CA 文摘号）、Organization（组织机构、团体作者或专利局）、Journal（期刊）、Language（文献语种）、Year（文献出版年）、Doc. Type（文献类型）、CA Section（CA 分类）、Update（文献更新时间或印刷版 CA 的卷、期号）。

此外，也可以在检索结果全记录的显示屏幕上直接检索感兴趣的词。如果只有一个词，双击该词条，则自动在 Word 字段中重新检索，显示检索结果。如果多于一个词，可用鼠标选定，点击 SrchSet（Search Selection）按钮或在 Search 下拉菜单中选择 Search for Selection 选项，系统将对所选词重新检索。显示结果的全记录下方列出相关 CAS 登记号，点击快捷键 NextLink，则移到下一个 CAS 登记号。点击登记号或点击 GotoLink 按钮，则显示其物质记录，包括该化学物质索引标题和分子式。如欲查找包含相同 CAS 登记号的相同文献，只需在物质记录显示窗口点击左上角第二排的 Search 按钮，其效果等同于使用 Browse 方式选择 Formula 字段，然后输入 CAS 登记号检索。

b. 检索技巧。使用 Browse 词典确定检索词。Search 方式提供的用户逻辑组配自由度大，是光盘检索最常用的检索方法。但是 CA 各字段的用词格式严格，如与索引词典不一致，则不能识别或检索无结果。这个问题在使用 Word 字段时尚不突出，但使用单位或作者字段时必须注意，尽量使用词典，即打开 Browse 词典选词。还需注意的是，单位字段的检索不是按照单词或词组检索，而是按照固定词条检索。例如作者发表文章时如将单位写为“Department of Chemistry，Southwest University of Science and Technology（西南科技大学化学系）”，则 CA 将其整个作为一个地址词条，将此篇文献列在 Organization 字段的该词条下，如用检索词“Southwest University of Science and Technology”则检索不到此篇文献。作者姓名的写法是固定的，标准写法为姓在前、名在后，中间用逗号和空格。例如，何平写成“He，Ping”，霍冀川写成“Huo，Jichuan”。诸如“He，P.”“Huo，J.”“Huo，J. C.”等缩写形式也被使用。CA 字段的容错功能很差，必须严格使用其编制的词典。可以在词典中点击鼠标选中该词后，同时按下〈Ctrl〉和 C 键复制，然后切换到 Search 界面，同时按下〈Ctrl〉和 V 键粘贴。

Browse 和 Search 方式的 Compound、Formula 字段与 Subst、Form 方式的区别。索引浏览（index browse）和词条检索（word search）方式均有 15 种检索字段，其中包括 Compound（化合物）和 Formula（分子式）字段。这两个字段与化学物质等级（substance hierarchy）方式和分子式等级（formula hierarchy）方式用词上有相似之处，但在检索方面存在差异。以检索氧化镁为例说明，其 CA 化学物质索引标题为 Magnesium Oxide，分子式为 MgO。使用 Browse 和 Search 方式的 Formula 字段或 Form 方式，只能用分子式名称，即 MgO；使用 Browse 和 Search 方式的 Compound 字段或者 Subst 方式，只能用化学物质索引名称，即 Magnesium Oxide；使用 Browse 和 Search 方式的 Formula 或 Compound 字段，词典将其在全记录中出现的各种形式全部列出，Formula 字段直接列出各种分子式，Compound 字段在相同的化学物质索引标题后的括号中标明分子式。而 Subst 方式和 Form 方式均按照化学物质结构分类原则细分为很多子层，可以界定到精确的范围。Browse 和 Search

方式的 Formula 或 Compound 字段，界面简明直观，而 Subst 方式和 Form 方式更适合于化学相关专业人员。

⑥ CA 索引的查阅原则。CA 的索引种类很多，检索体系很完善，是其他检索工具所不及的。现就如何利用 CA 的各种索引以及各索引之间的相互关系作一概括总结。

a. 若查阅最新动向的文献，在当前期所涉及的卷索引尚未出版以前，应先查关键词索引，它可集中提供某一专题的多方面的资料。

b. 若要回溯查找，应使用卷索引和累积索引。但累积索引有删节，遗漏较多，不及卷索引齐全。

c. 已知文献作者，应使用不同版本的著者索引，这样更简便、直接。

d. 查阅有关专利的文献，应使用不同版本的专利索引。

e. 已知分子式而不知其化合物名称，可用分子式索引。但分子式索引著录较简便，不利于筛选。因此通过分子式索引掌握了化学物质名称后，仍需要利用化学物质索引查阅文摘。

f. 只知道化学物质的登记号，可先通过登记号索引或手册查找其化学物质名称或分子式，然后再利用化学物质索引或分子式索引查阅文摘。

g. 当查找新课题或用已知物质名称在 CS 或 GS 中遇到困难时，应及时查阅索引指南。

h. 当所查的文摘不能满足要求时，可根据原文出处的缩写名称，查阅资料来源索引系列，以便进一步获得原文文献。

(2) 四大检索

世界著名的四大检索工具，即 SCI、EI、ISTP、ISR，是世界四大重要检索系统，其收录论文的状况是评价国家、单位和科研人员的成绩、水平以及进行奖励的重要依据之一。我国被四大系统收录的论文数量逐年增长。因其收录文献广泛、检索途径多、查找方便、创刊历史悠久而备受科研人员及科研管理部门的青睐。

① SCI。网址：http://isiknowledge.com/

a. 概述。SCI（Science Citation Index，科学引文索引）创刊于 1963 年，是美国科学情报研究所（Institute for Scientific Information，ISI，http://www.isinet.com/）出版的一部世界著名的文献检索工具。SCI 收录全世界出版的数、理、化、农、林、医、生命科学、天文、地理、环境、材料、工程技术等自然科学各学科的核心期刊 3500 余种；扩展版收录期刊 5800 余种。ISI 通过它严格的选刊标准和评估程序挑选刊源，而且每年略有增减，从而做到其收录的文献能全面覆盖全世界最重要、最有影响力的研究成果。

ISI 所谓最有影响力的研究成果，指的是报道这些成果的文献大量地被其他文献引用。为此，作为一部检索工具，SCI 一反其他检索工具通过主题或分类途径检索文献的常规做法，而设置了独特的“引文索引”（citation index）。即通过先期的文献被当前文献的引用，来说明文献之间的相关性及先前文献对当前文献的影响力。

SCI 主要发行三个版本：书本式、光盘版及网络版，Web of Science 即是 SCI 的网络版。1997 年，ISI 推出了其网络版的数据库 Web of Science，充分利用了 www 网罗天下的强大威力，一经推出即获得了用户的普遍好评。Web of Science 不仅仅是 SCI 的网络版，与 SCI 的光盘版相比，Web of Science 的信息资料更加翔实，其中的 Science Citation Index Expand 收录全球 5600 多种权威性科学与技术期刊，比 SCI 光盘增加 2100 种；Web of Science 充分地利用了网络的便利性，功能更加强大，彻底改变了传统的文献检索方式，运用通用的 Internet 浏览器界面，全新的 Internet 超文本格式，所有的信息都是相互关联的，只需轻按鼠标，即可获取想要的信息资料；Web of Science 更新更加及时，数据库每周更新，确保及时反映研究动态。目前 Thomson Scientific 已自动开通 116 种免费期刊的全文链接。

Web of Science 现由五个独立的数据库构成，它们既可以分库检索，也可以多库联检。需要跨库检索，请选择“CrossSearch”，可以在同一平台同时检索五个数据库。ⓐScience Citation Index Expanded（科学引文索引，SCI）：每周更新，收录 5600 多种权威性科学与技术期刊，回溯至 1973 年。ⓑSocial Science Citation Index（社会科学引文索引，SSCI）：每周更新，收录 1700 种社会科学期刊，回溯至 1973 年。ⓒArts & Humanities Citation Index（艺术与人文科学引文索引，A&HCI）：每周更新，收录全球 1140 种艺术与人文科学期刊，回溯至 1975 年。ⓓIndex Chemicus（化学索引，IC）：收录 104 种期刊，收集新发现的化学物质事实性的数据，回溯到 1993 年。ⓔCurrent Chemical Reactions（最新化学反应资料库，CCR）：收录 116 种期刊，收集新报道的化学反应的事实型数据，回溯到 1840 年。

b. 数据库检索指南。进入主页后，Web of Science 主要提供 General Search（普通检索）、Cited Reference Search（引用检索）、Structure Search（结构检索）和 Advanced Search（高级检索）四种检索方式。

普通检索是通过主题（topic）、著者（author）、来源期刊名（source）、著者单位（address）等信息展开检索，并得到需要了解的信息。系统默认多个检索途径之间为逻辑“与”关系。

引用检索以被引著者、被引文献和被引文献发表年代作为检索点进行检索，是 ISI Web of Science 所特有的检索途径，目的要解决传统主题检索方式固有的缺陷（主题词选取不易，主题字段标引不易/滞后/理解不同，少数的主题词无法反映全文的内容）。引用检索将一篇文献（无论是论文、会议录文献、著作、专利、技术报告等）作为检索对象，直接检索引用该文献的文献，不受时间、主题词、学科、文献类型的限制，特别适用于检索一篇文献或一个课题的发展，并了解和掌握研究思路。

结构检索用于对化学反应和化合物进行检索。

高级检索是一种使用字段标识符在普通检索字段检索文献的方法。在检索表达式中可以使用逻辑运算符、括号等。在高级检索界面的右侧列出字段标识符，在检索表达式的输入框中有著者、团体著者和来源出版物的列表；同时还可以文献的语种和文献类型进行限定。同时在该检索界面的主页下面有检索历史，可以对检索历史进行逻辑运算。检索系统对高级检索中检索表达式的书写有一定的要求，所以一般能熟练运用逻辑运算符和字段标识符的读者使用该检索方法比较合适。

例如，作为一名刚刚接触新课题的研究人员，如何快速了解某一课题的由来、最新进展、未来主要发展方向？方法可以是利用主题检索方式进行文献检索，在检索中将文献类型设置为 Review，通过查找某个研究领域的综述性文献，从宏观上把握这个课题方向。又如，如何了解并跟踪某个研究课题在国内外的动态？方法是利用普通主题检索，检索出该研究领域相关的研究论文，利用 Web of Science 的分析功能，找出在这个研究领域里最核心的研究人员是谁，主要有哪些研究机构在从事相关的研究，该研究主要涉及的学科范围，该研究有关研究论文发表的年代，该研究主要成果的报道期刊等。

Web of Science 提供的功能独特 Citation Index 可以解决许多问题：这篇论文有没有被别人引用过？这篇论文的主要内容是什么？有没有关于这一课题的综述？这一理论有没有得到进一步的证实？这项研究的最新进展和延伸？这个方法有没有得到改进？这个老化合物有没有新的合成方法？这种药物有没有临床试验？这个概念是如何提出来的？对于某个问题后

来有没有勘误和修正说明？还有谁在从事这方面的研究？创始于这个研究机构的某项研究工作有没有研究论文发表？这个理论或概念有没有应用到新的领域中去？这个研究人员写过哪些论文并发表在该领域的权威性刊物里？这个研究机构或大学最近发表了哪些文章？

c. 期刊引用报告。ISI 每年还出版 JCR（《期刊引用报告》，全称 Journal Citation Reports）。JCR 对包括 SCI 收录的 3500 种期刊在内的 5800 种期刊之间的引用和被引用数据进行统计、运算，并针对每种期刊定义了影响因子（impact factor）等指数加以报道。

一种期刊的影响因子，指该刊前两年发表的文献在当年的平均被引用次数。一种刊物的影响因子越高，其刊载的文献被引用率越高，说明这些文献报道的研究成果影响力大，反映该刊物的学术水平高。论文作者可根据期刊的影响因子排名决定投稿方向。SCI 中收录的中文期刊有 30 种左右。

一种期刊的即时指数（immediacy index）是指该刊当年发表的文献在当年被引用的次数与当年的文献总数之比。此指标表示期刊论文所述的研究课题在当前的热门程度。期刊的即时指数越大，说明该刊当年被引的频次越高，也相对地说明该刊的核心度和影响力较强，其所发表的论文品质较高、较为热门。

一种期刊的被引用半衰期（cited half life）是指该刊各年发表的文献在当年被引用次数逐年累计达到被引用总数的 50%所用的年数。半衰期一般只统计 10 年的数据。半衰期是一个介于 1～10 之间的数字。被引用半衰期反映期刊论文研究题目的延续时间，即期刊论文时效性的长短，或知识更新的快慢。这一指标揭示了期刊中文献被引用的引用半衰期，有助于帮助图书馆确定期刊采购和存档的策略。

一种期刊的引用半衰期是从当前年份开始，该刊引文数目达到向前累计的该刊引文总数的 50%的年份数。了解被引半衰期和引用半衰期，可以帮助馆员调整期刊的馆藏策略。

d. SCI 论文的阅读和参考。学会阅读 SCI 数据库检索出来的论文。ⓐ先看综述性的论文，后看研究论文；ⓑ多数文章看摘要，少数文章看全文；ⓒ集中时间阅读文献；ⓓ建立资料库并做好记录和标记；ⓔ准备引用的文章要亲自并且仔细阅读和分析；ⓕ注意论文的参考价值。

学会利用 SCI 本学科著名学者的研究成果获得信息。著名学者及研究机构是学科的领航人，他们的成果代表着学科的前沿、发展方向。著名学者的文献是人们所关注的，引用率高。因此通过 SCI 数据库的“被引用文献”（cited reference search），可以了解本学科/课题的专家及研究机构。

② EI。网址：http://www.engineeringvillage2.org

a. 概述。EI（Engineering Index，工程索引）创刊于 1884 年，是美国工程信息公司出版的著名工程技术类综合性检索工具。EI 选用世界上的工程技术类期刊，收录文献几乎涉及工程技术各个领域。例如：动力、电工、电子、自动控制、矿冶、金属工艺、机械制造、土建、水利等。它具有综合性强、资料来源广、地理覆盖面广、报道量大、报道质量高、权威性强等特点。

b. EI 发展的几个阶段。1884 年创办至今，为月刊、年刊的印刷版。20 世纪 70 年代，出现电子版数据库（compendex），并通过 Dialog 等大型联机系统提供检索服务。80 年代，出现光盘版数据库（CD-ROM，Compendex）。90 年代，提供网络版数据库（EI Compendex Web），推出了工程信息村（engineering information village）。2000 年 8 月，EI 推出 Engineering Information Village-2 新版本，对文摘录入格式进行了改进，并且首次将文后参考文献列入 Compendex 数据库。

c. EI来源期刊的三个档次。EI来源期刊包括全选期刊、选收期刊、扩充期刊。全选期刊即核心期刊，收入EI Compendex数据库。收录重点为下列工程学科的期刊：化学工程、土木工程、电子/电气工程、机械工程、冶金、矿业、石油工程、计算机工程和软件等核心领域。目前，核心期刊约有1000种，每期所有论文均被录入。选收期刊的领域包括：农业工程、工业工程、纺织工程、应用化学、应用数学、应用力学、大气科学、造纸化学和技术、高等学校工程类学报等。EI Compendex只选择与其主题范围有关的文章。目前，选收期刊约1600种。我国期刊大多数为选收期刊。扩充期刊主要收录题录，形成EI Page One数据库，共收录约2800种期刊。

d. EI Compendex与EI Page One。EI Compendex为Computerized Engineering Index的缩写，即计算机化工程索引。该数据库的文字出版物即为《工程索引》。它收录论文的题录、摘要、标引主题词和分类号等，并进行深加工。EI Page One一般为题录，不录入文摘，不标引主题词和分类号。有的Page One也带有摘要，但未标引主题词和分类号。

注意：带有文摘及EI号并不表示正式进入EI Compendex数据库。有没有主题词和分类号是判断论文是否被Compendex数据库正式收录的唯一标志。

③ ISTP。网址：http://www.istp-meeting.com

ISTP（Index to Scientific & Technical Proceedings，科技会议录索引）创刊于1978年，由美国科学情报学会编辑出版。会议录收录生命科学、物理与化学科学、农业、生物和环境科学、工程技术和应用科学等学科，其中工程技术与应用科学类文献约占35%。ISTP收录论文的多少与科技人员参加的重要国际学术会议的多少，或提交、发表论文的多少有关。

我国科技人员在国外举办的国际会议上发表的论文占被收录论文总数的60%以上。

④ ISR。网址：http://www.isinet.com/isi/products/indexproducts/scientificreviews/

ISR（Index to Scientific Reviews，科学评论索引）创刊于1974年，由美国科学情报研究所编辑出版，收录世界上40多个国家与地区2700余种科技期刊及300余种专著丛刊中有价值的评述（综述）论文。ISR收录的文献覆盖了自然科学、医学、工程技术、农业和行为科学等100多个学科。

(3) 美国化学会

网址：http://pubs.acs.org/about.html

① 概述。ACS（American Chemical Society，美国化学学会）成立于1876年，是世界上最大的科技协会，其会员人数超过16.3万。ACS一直致力于为全球化学研究机构、企业及个人提供高品质的文献资讯及服务，已成为享誉全球的科技出版机构，被ISI的Journal Citation Report（JCR）评为：化学领域中被引用次数最多的化学期刊。

ACS现出版49种期刊，内容涵盖以下领域：生化研究方法、药物化学、有机化学；普通化学、环境科学、材料学、植物学；毒物学、食品科学、物理化学、环境工程学；工程化学、应用化学、分子生物化学、分析化学；无机与原子能化学、资料系统计算机科学、学科应用；科学训练、燃料与能源、药理与制药学；微生物应用生物科技、聚合物、农业学。

② ACS Web版的主要特色。除具有一般的检索、浏览等功能外，还可在第一时间内查阅到被作者授权发布、尚未正式出版的最新文章（Articles ASAP），且回溯年代长。用户也可定制E-mail通知服务，以了解最新的文章收录情况。此外，还具有增强图形功能，含3D彩色分子结构图、动画、图表等，全文具有HTML和PDF格式可供选择。

③ 检索方式。主要包括浏览方式以及期刊检索方式。在浏览方式中，可以通过刊名浏览或者分类浏览的方式进行检索。在期刊检索中，可以通过具体期刊或数字化对象识别符检

索，也可通过关键词进行检索。

值得再提的是，在 ACS web 版中，用户可定制 E-mail 通知服务，以了解最新的文章收录情况。主要体现在以下两方面：a. 最新文献通知（ASAP Alerts）。通过 E-mail 及时通知某篇文章已发表，可提供文章的题目、作者、刊名、论文全文的网址；b. 最新目次通知（Table of Contents Alerts）。通过 E-mail 及时通知最新一期的目次，包括文章的题目、作者、刊名、论文全文的网址。

（4）Elsevier Science

网址：http://www.sciencedirect.com/

Elsevier Science 是世界上公认的高品位学术出版公司，也是全球最大的出版商，已有 100 多年的历史。SDOS（Science Direct On Site）收录荷兰 Elsevier Science 出版的 1995 年以来的 2500 多种各学科学术期刊文章全文，涉及学科内容有：生命科学、农业与生物、化学及化学工业、医学、计算机、地球科学、工程能源与技术、环境科学、材料科学、数学、物理、天文、社会科学等，其中许多为核心期刊。目前，有两种站点形式可供文献查阅，即 SDOS（国内镜像）和 SDOL（国外镜像）。

SDOL 具有以下优点：①SDOL 与 SDOS 收录的期刊基本一致，但 SDOL 是 24 小时时时更新，因此期刊更新的速度比 SDOS 更快；②SDOL 用户可以提前看到 Article in Press（在编文章），即已经通过编辑审稿但尚未在纸质刊发表的文章，而使用 SDOS 的用户就无法看到；③SDOL 用户通过免费注册后，即可拥有强大的个性化服务，包括建立个人图书馆、电子邮件提示；④从检索结果看，SDOL 中的全文除了 PDF 格式外，还包括 HTML 格式，用户可以根据需要进行选择；⑤现有的二次文献库中能进行馆藏全文链接的，一般仅链接至 SDOL 服务器的全文，所以使用 SDOL 的用户可以得到一步到位的全文阅读，而 SDOS 用户是无法直接从所检索的二次文献库一步到位链接到 Elsevier 全文的。

（5）英国皇家化学学会

网址：http://www.rsc.org/

英国皇家化学学会（Royal Society of Chemistry，RSC）是欧洲最大的化学组织，是一个国际权威的学术机构，是化学信息的一个主要传播机构和出版商。一年组织几百个化学会议。该协会成立于 1841 年，由约 4.5 万名化学研究人员、教师、工业家组成的专业学术团体，出版的期刊及数据库一向是化学领域的核心期刊和权威性的数据库。RSC 期刊大部分被 SCI 收录，并且是被引用次数最多的化学期刊。

一些主要的期刊包括《The Analyst》《Chemical Communications》《Chemical Society Reviews》《Chemical Technology》《Chemistry World》《Dalton Transactions》《Faraday Discussions》《Green Chemistry》《Journal of Analytical Atomic Spectrometry》《Journal of Materials Chemistry》《New Journal of Chemistry》《Organic & Biomolecular Chemistry》《Physical Chemistry Chemical Physics》等。

此外，RSC 还出版 4 种文摘数据库，包括《Analytical Abstracts》《Catalysts & Catalysed Reactions》《Methods in Organic Synthesis》《Natural Product Updates》。

（6）德国施普林格

网址：http://www.springer.com

德国施普林格（Springer-Verlag）是世界上著名的科技出版集团，通过 Springer LINK 系统提供学术期刊及电子图书的在线服务。按学科分为以下 11 个“在线图书馆”，即生命科学、医学、数学、化学、计算机科学、经济、法律、工程学、环境科学、地球科学、物理学与天文学。

Springer LINK 所提供的全文电子期刊共包含近 500 种全文学术期刊，其中近 400 种为英文期刊，还有 20 种世界知名科技丛书共 2000 多卷，约 30 多万篇文献，大部分期刊过刊回溯到 1996 年，是科研人员的重要信息源。

(7) Wiley Interscience

网址：http://www.interscience.wiley.com

John Wiley & Sons，Inc. 公司成立于 1807 年，是一家全球性电子产品权威出版商，出版自然科学、工程技术、医学、商业类的图书与期刊，分布在美国、英国、德国、加拿大、亚洲和澳大利亚。

主题分类包括医学、工程技术、数学、物理、天文、材料科学、化学与化工等。文献类型有参考工具书、期刊论文、手册、图书等。

4. 国内外专利

目前，世界上已有 160 多个国家和地区实行了专利制度。专利文献是专利制度的产物，是科技攻关、开发新产品和引进技术的重要情报源。据世界知识产权组织（World Intellectual Property Organization，WIPO）报道：世界上每年的发明成果 90%～95%在专利文献中可以查到，在应用技术研究中，经常查阅专利文献可以缩短研究时间 60%，节省研究费用 40%，因此，学会检索和利用专利文献是非常重要的。

专利通常包括三个含义：专利权、获得专利权的发明创造以及专利文献。

根据专利的保护对象及特性可将其分为：发明专利、实用新型专利、外观设计专利。发明专利包括产品发明和方法发明。我国新专利法规定发明专利的保护期为 20 年。实用新型专利是指对产品的形状、构造或其结合所提出的适于实用的新技术方案，与发明专利相比，其范围较窄、创造性较低，俗称“小发明”，保护期为 10 年。外观设计专利是指对产品的形状、图案、色彩或其结合做出的富有美感并适于工业上应用的新设计。外观设计必须与产品相关，并以产品作为它的载体，它只涉及产品外表而不涉及技术思想，保护期为 10 年。

(1) 德温特专利文献

网址：http://www.derwent.com

Derwent 是英国一家专门用英文报道和检索世界各主要国家专利情报的出版公司 Derwent Publication Ltd. 1951 年成立，创刊时为《英国专利文摘》（《British Patent Abstracts》），随后出版美国、苏联、法国等 12 种分国专利文摘。1970 年开始出版《中心专利索引》（《Central Patent Index》），即现在的《Chemical Patent Index》。1974 年创刊《世界专利索引》并以 WPI 索引周报（WPI Gazette）、WPI 文摘周报（WPI Alerting Abstracts Bulletin）及各类分册的形式出版。

德温特一系列出版物有题录周报和文摘周报类两大类。题录周报涉及综合类、机械类、化学类、电气类四个分册。与题录周报化学类分册相配套，化学专刊索引文摘周报有 13 个分册。

(2) 中国专利文献

网址：http://www.patent.com.cn/

我国 1985 年 4 月 1 日起实行专利法，实施的首日就受理国内外专利申请案 3455 件。

1993 年 1 月 1 日起实施专利法修正案，对专利法做出了重要修改。中国的专利编号与国外某些国家的专利编号有所不同，对同一件专利，自申请到授权，均采用一个编号，专利的编号采用 8 位数字。前两位数字表申请年代，第 3 位数字用来区分 3 种不同专利。"1" 表示发明专利，"2" 表示实用新型，"3" 表示外观设计专利。后 5 位数字表示当年的各种专利的流水号。流水号后标的英文字母表示各种专利说明书的类别。中国专利文献检索工具有专利公报、专利索引、专利文献通报（已停刊）等。

(3) 美国专利文献

网址：http://www.uspto.gov/

美国是世界上拥有专利数量最多的国家。外国人在美国申请的专利约占美国专利总数的 28%。因此美国专利在一定程度上反映了世界技术发展的水平和趋势。

美国专利文献有美国专利和商标局出版发行的专利说明书、专利公报、检索用的分类手册和索引等。此外还有非该局出版的若干种美国专利检索工具等。

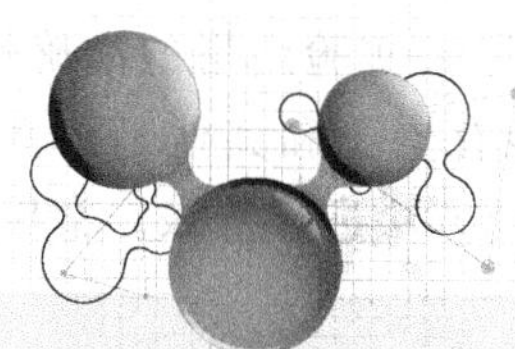

参考文献

[1] 霍冀川. 化学综合设计实验 [M]. 北京：化学工业出版社，2007.

[2] 钟国清. 无机及分析化学实验 [M]. 北京：科学出版社，2011.

[3] 浙江大学. 无机及分析化学 [M]. 北京：高等教育出版社，2003.

[4] 钟国清，朱云云. 无机及分析化学 [M]. 北京：科学出版社，2006.

[5] 宋毛平，何占航. 基础化学实验与技术 [M]. 北京：化学工业出版社，2008.

[6] 周梅村. 仪器分析 [M]. 武汉：华中科技大学出版社，2008.

[7] 常铁军. 材料近代分析测试方法 [M]. 哈尔滨：哈尔滨工业大学出版社，2005.

[8] 左演声. 材料现代分析方法 [M]. 北京：北京工业大学出版社，2000.

[9] 朱丽君. 信息资源检索与利用 [M]. 北京：化学工业出版社，2011.

[10] 王荣民. 化学化工信息及网络资源的检索与利用 [M]. 北京：化学工业出版社，2003.

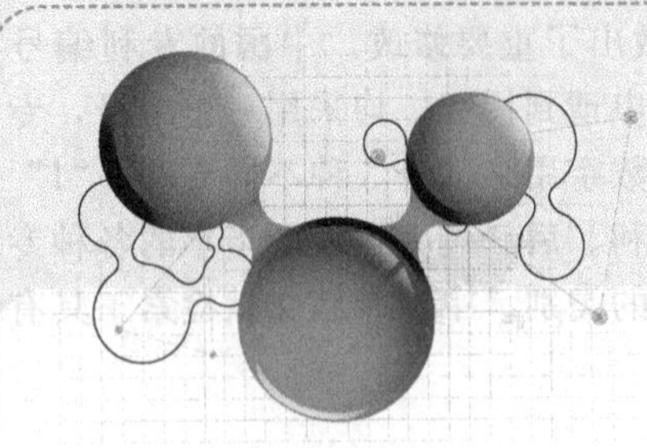

第二章 化学实验基本操作及技术

一、玻璃仪器的洗涤及干燥

1. 仪器的洗涤

化学实验经常使用各种玻璃仪器，而这些仪器的干净与否直接影响实验结果的准确性，因此必须使用十分干净的仪器进行实验。附着在仪器上的污物可能有尘土和其他不溶性物质、可溶性物质、有机物和油污，针对这些情况，可以分别采用下列方法进行洗涤。常用的洗涤液及使用方法见表 2-1。

表 2-1 常用的洗涤液及使用方法

洗涤液名称	配置方法	使用方法
重铬酸钾洗液	研细的 $K_2Cr_2O_7$ 20.0g 溶于 40mL 水中，慢慢加入 360mL 浓硫酸	用于洗涤较精密的仪器，可除去器壁残留油污，用后倒回原瓶，可重复使用，直到红棕色溶液变为绿色（Cr^{3+}）时，即已失效。洗涤废液经处理解毒后方可排放
工业盐酸（浓或 1+1）		用于洗去碱性物质及大多数无机物残渣
碱性 $KMnO_4$ 洗液	4.0g 高锰酸钾溶于水中，加入 10.0g NaOH，用水稀释至 100mL	清洗油污或其他有机物质，洗后容器沾污处有褐色二氧化锰，再用浓盐酸或草酸洗液、硫酸亚铁、亚硫酸钠等还原剂除去
碘-碘化钾溶液	1.0g I_2 和 2.0g KI 溶于水中，用水稀释至 100mL	洗涤用过的硝酸银溶液的黑褐色沾污物，也可用于擦洗装过硝酸银的白瓷水槽
有机溶剂	如汽油、二甲苯、乙醚、丙酮、二氯乙烷等	可洗去油污或可溶于该溶剂的有机物，使用要注意其毒性和可燃性。用乙醇配制的指示剂溶液的干渣可用盐酸-乙醇（1+2）洗液洗涤
乙醇-浓硝酸（不可提前混合）		用于一般方法很难洗净的少量残留有机物（先于容器内加入不多于 2mL 的乙醇，再加入 4mL 浓硝酸，反应完后再用大量水冲洗，操作应在通风橱内进行，不可塞住容器，做好防护）
氢氧化钠-乙醇溶液	120.0g NaOH 溶于 150mL 水中，用 95%乙醇稀释至 1L	用于洗涤油污及某些有机物
盐酸-乙醇溶液	盐酸与乙醇按 1∶2 混合	主要用于被染色的吸收池、吸收皿和吸量管等

① 用水刷洗。用水和毛刷刷洗，可除去仪器上的尘土、可溶性物质以及部分易刷落下来的不溶性物质。

② 用肥皂、合成洗涤剂或去污粉刷洗。用毛刷蘸取肥皂液、合成洗涤剂或去污粉刷洗，可除去油污和有机物，倘若仍洗不净，则可用热的碱液洗。

③ 用特殊洗涤液洗。

a. 用铬酸洗液洗。铬酸洗液由浓 H_2SO_4 和 $K_2Cr_2O_7$ 配制而成，具有很强的氧化性和酸性，对有机物和油污的去污能力特别强。洗涤时向仪器内加入少量洗液，使仪器倾斜并慢慢转动，让仪器内壁全部被洗液湿润，转几圈后，把洗液倒回原瓶内。用洗液把仪器浸泡一段时间，或者用热的洗液洗涤，效果更好。洗液的吸水性很强，应该随时把装洗液的瓶子盖严，以防吸水，降低去污能力。当洗液出现绿色时（$K_2Cr_2O_7$ 还原成 Cr^{3+}），就失去了去污能力，不能继续使用。

b. 用特殊试剂洗。对于特殊的已知组成的沾污物宜选用特殊试剂洗涤，这样洗涤效果更好。例如，仪器上沾有较多的二氧化锰，可用酸性硫酸亚铁溶液洗涤。

用各种洗涤液洗后的仪器须先用自来水冲洗数次，若器壁上只留下一层既薄又均匀的水膜，不挂任何水珠，则表示仪器已洗净。在定性、定量分析实验中，还须用蒸馏水冲洗两三次，每次用量应少，“少量多次”是洗涤仪器时应遵循的重要原则。已经洗净的仪器绝不能再用布或纸擦拭。

2. 仪器的干燥

根据不同情况，可采用下列方法将洗净的仪器干燥。

① 晾干。不急用的仪器洗净后放在干燥处任其自然晾干。

② 烤干。需立即使用的仪器，如蒸发皿、烧杯等，可放在石棉网上用小火烤干。试管可将管口朝下，来回在热源上移动烘烤，待水珠消失后再将管口朝上加热，把水汽逐尽，见图 2-1。

③ 烘干。先将仪器的水沥干，然后将仪器口朝下放进电烘箱（见图 2-2）内烘干，控制温度为 100～105℃。

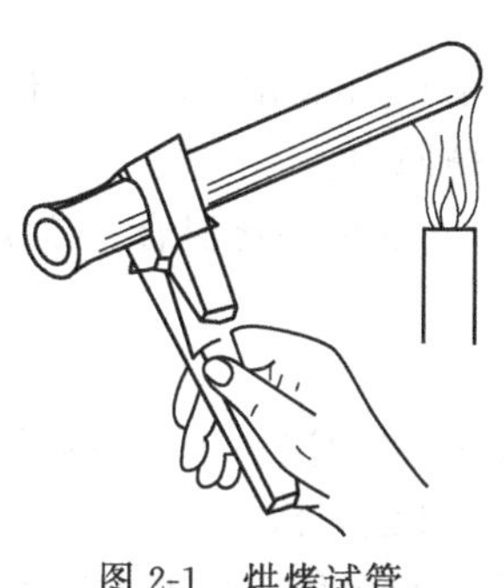

图 2-1　烘烤试管

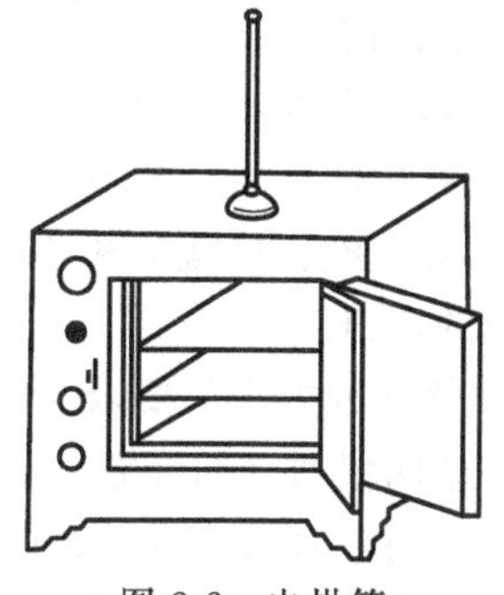

图 2-2　电烘箱

④ 用有机溶剂干燥。在洗净的仪器内加入少量乙醇或丙酮，转动仪器使容器壁上的水与其混合，倾出混合液（要回收），再放置或使用电吹风将仪器吹干。

应该特别注意，带有刻度的计量仪器不能用加热的方法进行干燥。

实验1　玻璃仪器的洗涤

一、实验目的

（1）学会实验室中常见玻璃仪器的洗涤与干燥方法。

(2) 学会实验室中常用洗液的配制和使用。

二、实验原理

玻璃仪器的洗涤常使用洁净剂，最常用的洁净剂有肥皂、去污粉、洗液（清洁液）、洗衣粉、有机溶剂等。肥皂、去污粉、洗衣粉等一般用于可以用刷子洗刷的仪器，如烧瓶、烧杯、量杯、试剂瓶等；洗液多用于不便用刷子洗刷的仪器，如滴定管、移液管、容量瓶、比色管、玻璃垂熔漏斗、凯氏烧瓶等特殊要求与形状的仪器，也用于洗涤长久不用的玻璃仪器和刷子刷不下的污垢。用洗液洗涤仪器，是利用洗液本身与污物起化学反应的作用，将污物洗去，故要浸泡一定时间，有条件可加热一下，使有充分作用的机会；有机溶剂可用于洗净有油腻的仪器，如氯仿、乙醚等可洗除油垢。

三、主要仪器与试剂

1. 仪器

实验室常见的玻璃仪器。

2. 试剂

去污粉，重铬酸钾，浓硫酸，$KMnO_4$，NaOH，盐酸，乙醇（95%）。

四、实验步骤

安全预防：浓硫酸具有腐蚀性，避免直接接触。

1. 常用洗液的配制

(1) 铬酸洗液：在台秤上称量重铬酸钾 5.0g，加少量水湿润，慢慢加入 80mL 粗浓硫酸（工业用硫酸），边加边搅拌，加热使其溶解。配好的溶液呈深棕色。溶液冷却后储于带磨口塞的试剂瓶中备用。

(2) 含 $KMnO_4$ 的 NaOH 洗液：在台秤上称取 4.0g $KMnO_4$，用少量水溶解，加入 100mL 10%的氢氧化钠溶液，溶液储于带橡皮塞的玻璃瓶中。

(3) 盐酸-乙醇洗液：将盐酸和乙醇（95%）按 1∶2 的体积比混合。该洗液适用于洗涤被有机试剂染色的器皿。

2. 洗涤玻璃仪器的方法与要求

(1) 一般的玻璃仪器（如烧瓶、烧杯等）：先用自来水冲洗一下，然后用肥皂、洗衣粉或去污粉擦洗，再用自来水清洗，最后用适量的蒸馏水冲洗三次。

(2) 精密或难洗的仪器（滴定管、移液管、容量瓶、比色管、玻璃垂熔漏斗等）：先用自来水冲洗后、沥干，再用洗液处理一段时间后，然后用自来水清洗，最后用蒸馏水冲洗三次。

(3) 洗刷仪器时，应首先用肥皂把手洗净，免得手上的油污物黏附在仪器壁上，增加洗刷的困难。一个洗净的玻璃仪器应该不沾油腻，不挂水珠。如果按上述方法洗涤后，仍挂水珠，则需将仪器重复洗涤。用蒸馏水冲洗，应采用顺壁冲的方法并充分振荡，以提高洗涤的效果。

五、思考题

(1) 玻璃仪器干燥的方法有哪些？

(2) 不同污物适用的洗液种类？

二、加热和冷却方法

1. 灯的使用

实验室常用酒精灯、酒精喷灯、煤气灯和电炉等进行加热。酒精灯的温度通常可达

400～500℃，酒精喷灯最高温度可达1000℃左右。

(1) 酒精灯

点燃酒精灯可用火柴或打火机，绝不能用已点燃的酒精灯直接去点燃别的酒精灯。否则可能因灯内酒精外洒而引起烧伤或火灾。熄灭酒精灯时，切勿用嘴去吹，可将灯罩盖上，火焰即灭。火焰熄灭后，再提起灯罩，通一通气，以防下次使用时打不开灯罩。添加酒精时必须先将灯熄灭，然后借助小漏斗添加且不要过满。酒精灯的火焰温度分布如图2-3所示。

(2) 酒精喷灯

常用的酒精喷灯有挂式、座式两种（见图2-4和图2-5）。前者的酒精储存在悬挂于高处的储罐内，后者储存在灯座内。使用前，先在预热盘中注入酒精，然后点燃盘中酒精以加热铜质灯管。待盘中酒精将近燃完时，逆时针旋转开启开关，这时酒精在灯管内气化，并与来自气孔的空气混合，用火点燃管口气体，即可形成高温火焰。调节开关阀门可以控制火焰的大小。用毕旋紧开关，灯焰即可自灭。

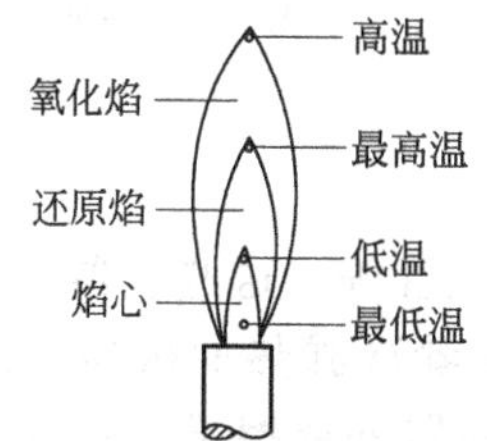

图2-3　酒精灯的火焰温度分布

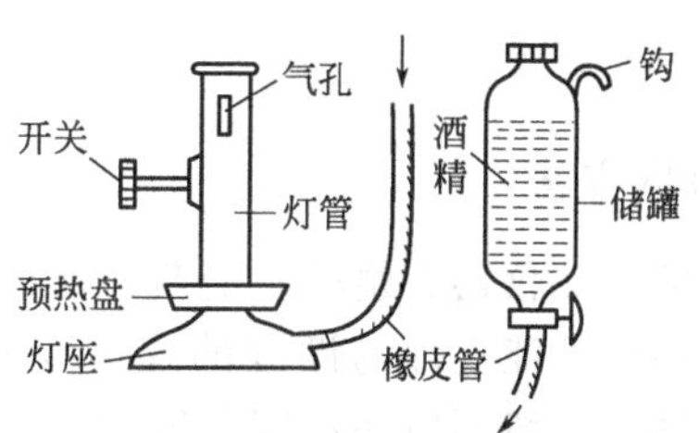

图2-4　挂式酒精喷灯

应当指出，在开启开关、点燃管口气体以前，必须充分灼热灯管，否则酒精不能全部气化，以至有液态酒精由管口喷出，形成“火雨”，甚至引起火灾。挂式喷灯不使用时，必须将储罐的开关关好，以免酒精漏失，甚至发生事故。

(3) 煤气灯

煤气灯样式较多，但构造原理基本相同（见图2-6）。它由灯座和金属灯管两部分组成。使用时把灯管向下旋转以关闭空气入口，再把螺旋向外旋转以开放煤气入口。慢慢打开煤气管阀门，用火柴在灯管口点燃煤气，然后把灯管向上旋转以导入空气，使煤气燃烧完全，形成蓝色火焰。煤气燃烧时，若空气量不足，则火焰发黄色光，即应加大空气入口，增加空气量。若空气过多，则会产生“侵入”火焰，这时火焰缩入管内，煤气在管内空气入口处燃

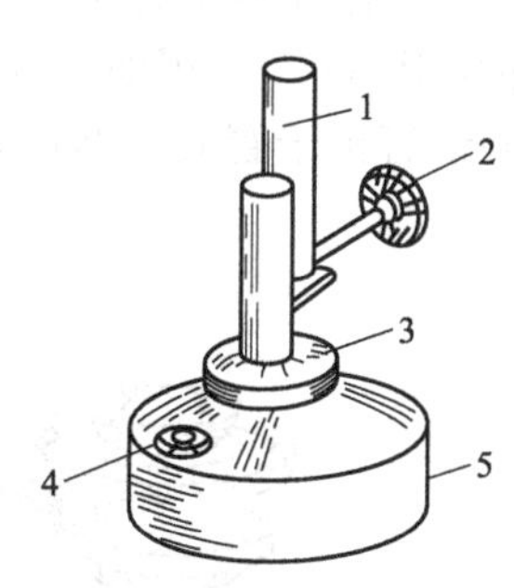

图2-5　座式酒精喷灯

1—灯管；2—空气调节器；3—预热盘；4—铜帽；5—酒精壶

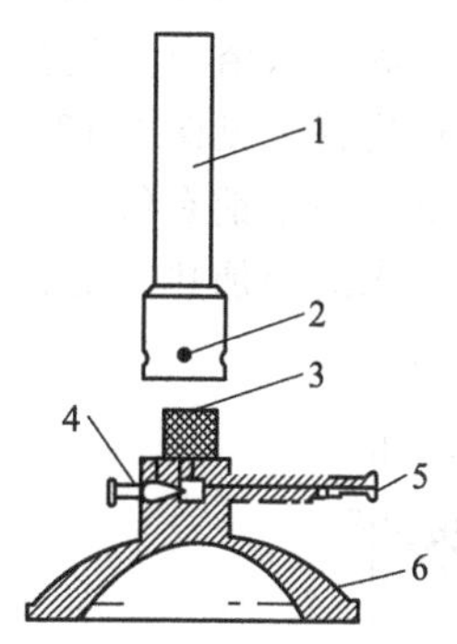

图2-6　煤气灯

1—灯管；2—空气入口；3—煤气出口；4—螺旋针；5—煤气入口；6—灯座

烧。而灯管口火焰消失，或者变为一条细长的绿色火焰，同时煤气灯管中发出“嘶嘶”的声音，可闻到煤气臭味，而灯管被烧得很热。此时应立即关闭煤气管阀门，待灯管冷却后，关闭空气入口，重新点燃使用。

2. 电加热器

实验室常用电炉（见图 2-7）、电热板（见图 2-8）、烘箱、马弗炉（见图 2-9）等多种电加热器。马弗炉一般可以加热到 1000℃以上，适宜于某一温度下长时间恒温。烘箱一般可控制在 300℃以下的任意温度，对仪器和样品进行任意时间的烘干。

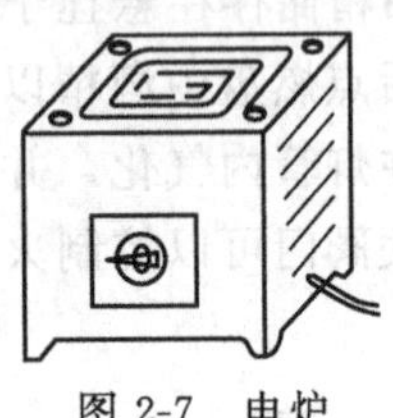

图 2-7 电炉

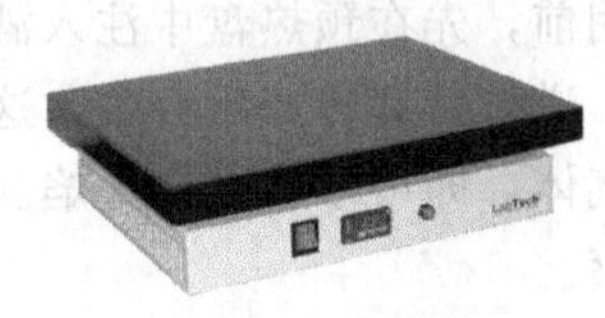

图 2-8 电热板

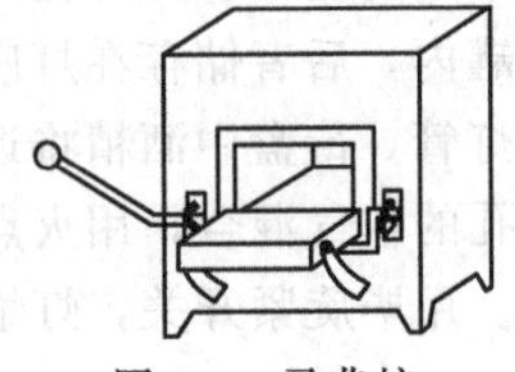

图 2-9 马弗炉

3. 加热方法

常用的受热仪器有烧杯、烧瓶、锥形瓶、蒸发皿、坩埚、试管等。这些仪器一般不能聚热，受热后也不能立即与潮湿的或过冷的物体接触，以免由于骤冷骤热而破裂。加热液体时，液体体积一般不应超过容器容积的 1/2。在加热前必须将容器外壁擦干。烧杯、烧瓶和锥形瓶加热时必须放在石棉铁丝网或铁丝网上，否则容易因受热不均而破裂。为了防止爆沸，应不断搅拌溶液。实验室中常用的加热仪器有：酒精灯、电炉、电热套、电热板、管式炉、马弗炉，另还有水浴、油浴和沙浴等。

(1) 液体的加热

① 直接加热。该方法适用于在较高温度下不分解的溶液或纯液体。若溶液装在烧杯、烧瓶中，一般均放在石棉网上用煤气灯、酒精灯或电炉直接加热（见图 2-10）；若液体装在试管中，除了易分解溶液或控温反应外，一般是在火焰上直接加热，但应注意：一般用试管夹夹在试管长度的 3/4 处进行加热，加热时，管口向上，略呈倾斜，但管口不得对着别人或自己，以防液体受热爆沸冲出，发生意外事故（见图 2-11）。加热时，先由液体的中上部开始，慢慢下移，然后不时地上下移动，避免集中加热某一部分。

② 间接加热。如果要在一定的温度范围内进行较长时间的加热，则可使用水浴、蒸气浴或油浴、沙浴等。水浴或蒸气浴的温度不超过 100℃，是具有可移动的同心圆盖的铜制水锅，也可用烧杯代替（见图 2-12）。油浴和沙浴的温度都高于 100℃。用油代替水浴中的水，即为油浴。沙浴是一个铺有细沙的铁盘。应该指出，离心试管由于管底玻璃较薄，不能直接加热，只能在热水浴中加热（见图 2-13）。

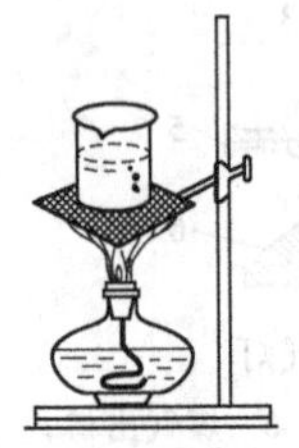

图 2-10 直接加热烧杯

图 2-11 加热试管

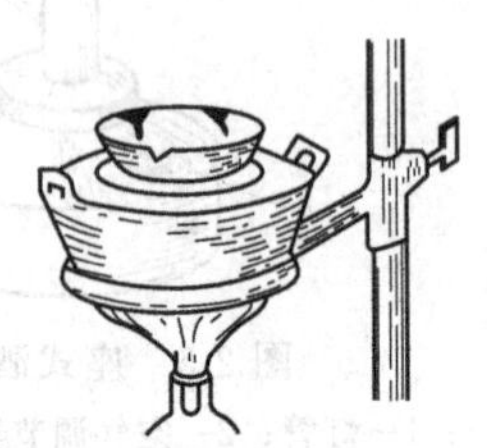

图 2-12 蒸气浴加热

(2) 固体的加热

固体试剂或试样可用煤气灯、酒精灯或马弗炉等直接加热，一般将固体放在试管、蒸发皿、瓷舟、坩埚中进行加热。下面简单介绍加热装置及方法。

① 在试管中加热。其装置见图 2-14，试管稍稍向下倾斜，管口低于管底，原因是固体反应产生的水或固体表面的湿存水遇热变成蒸汽，到管口遇冷又凝成水珠，就可顺势滴出试管而不至于使试管炸裂。加热时将试管由上到下均匀加热一下，然后再集中加热某一部位。

② 在蒸发皿中加热。当加热较多的固体时，一般在蒸发皿中进行，可直接在火焰上加热，但要注意充分搅拌，使固体受热均匀。

③ 在瓷舟中加热。固体放在瓷舟中部，将瓷舟放入炉中高温处加热。

④ 在坩埚中灼烧。其装置见图 2-15，固体需高温熔融或高温分解或灼烧时，一般在坩埚中进行。若含有定量滤纸的沉淀灼烧，首先要在低温将滤纸炭化后，再用高温灼烧，以防滤纸燃烧带走沉淀，还可能发生高温还原反应，改变组成或破坏坩埚。滤纸炭化后的沉淀或固体也可在马弗炉中控温灼烧。

图 2-13　烧杯代替水浴锅加热

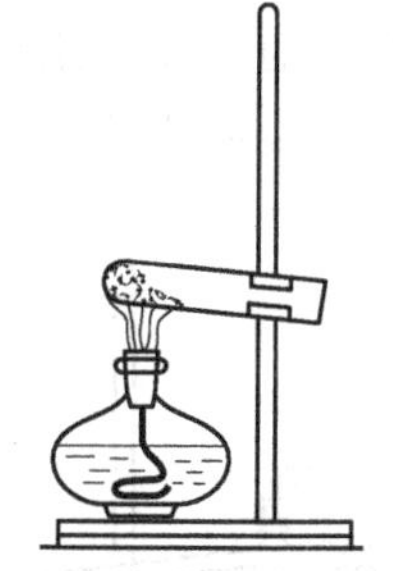

图 2-14　固体加热

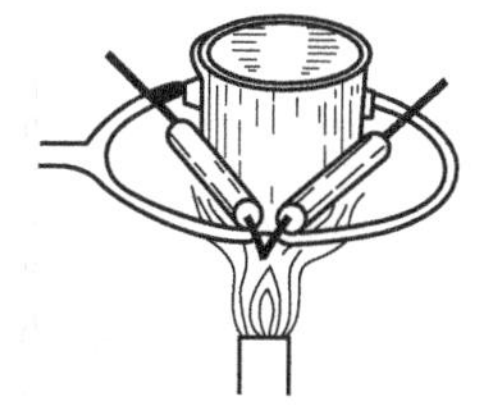

图 2-15　坩埚的灼烧

4. 冷却方法

冷却效率跟待冷物质和冷却剂的温差以及制冷方法有关。冷却方法一般有自然冷却和强制冷却两种。强制冷却必须选用冷却剂。选用哪种方法和哪种冷却剂取决于物质的性质和冷却的目的。

(1) 自然冷却法

该法常用于一些定量测定的实验。例如，固体加热到恒重时每次称量前的冷却，一般应放入干燥器中让它慢慢地自然冷却。又如，用晶体析出法测定硝酸钾溶解度的实验中，也用搅拌下的自然冷却方法。用冷水强制冷却，常常会引起很大的误差。此外，制备大块的晶体（如明矾、五水合硫酸铜等）时，要在热的饱和溶液中引入晶种，让溶液慢慢地自然冷却。如果用冷却剂间接快速冷却，会产生无数微小的晶体，使实验失败。

(2) 强制冷却法

强制冷却法是待冷却的物质和冷却剂通过容器壁进行热交换而使待冷物质冷却的一种操作方法。强制冷却法随着待冷物质对冷却剂的要求不同，常用的有空气冷却、水冷却、冰水冷却和盐冰冷却等方法。在这四种方法中，依待冷物质的沸点依次降低。

① 空气冷却。沸点高于 140℃的蒸气液化，可以选用空气冷凝管（见图 2-16）。空气冷凝管的导管往往较长，以提高冷凝效率。

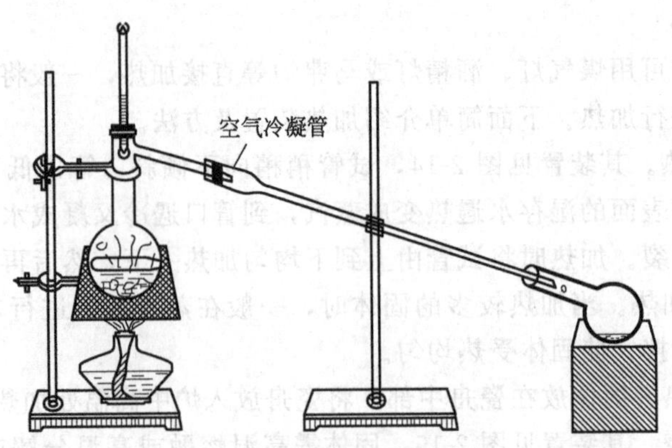

图 2-16 用空气冷凝管冷却

② 水冷却。根据待冷却物质的沸点和实验要求，可以选用各种不同构造的冷凝管。例如，沸点在 140℃以下的蒸馏实验中，一般选用直形冷凝管（见图 2-17）。在有机制备中，为了防止低沸点物质挥发（如制硝基苯时，防止苯挥发），往往采用冷却面比较大的球形或蛇形回流冷凝管。在这些冷却操作中，冷却剂一般是流动的冷水。冷水流速越大，冷却效率越高。一般在保证达到冷却要求的前提下，尽可能减小冷水的流速，节约用水。

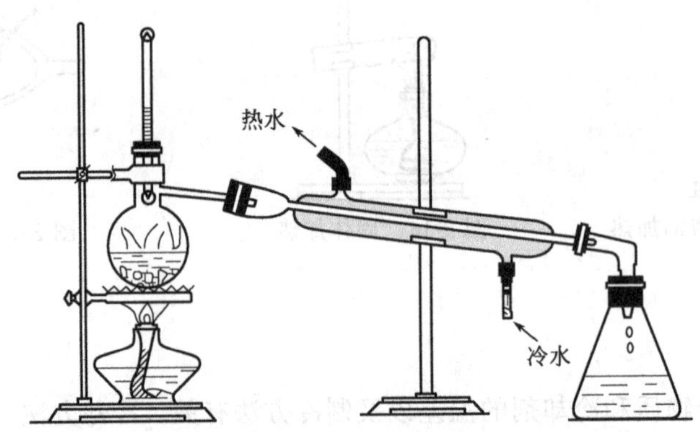

图 2-17 实验室制取蒸馏水

③ 冰水冷却。冰水冷却用于冷却沸点很低的蒸气，使它液化。如乙醛的沸点是 20.8℃，要使乙醛液化，可以用制冷效果好的冰水冷却（见图 2-18）。

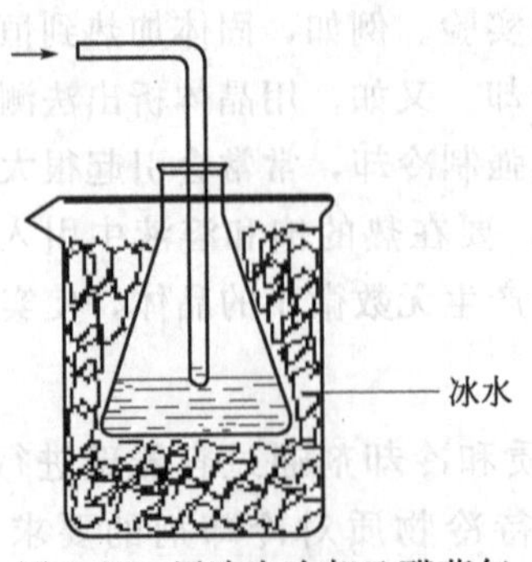

图 2-18 用冰水冷却乙醛蒸气

④ 盐冰冷却 用冰和某些盐的混合物作冷却剂，温度可以降到 0℃以下，最低可达

−55℃。表 2-2 是 100g 冰中加入盐的量和能达到的最低温度。

表 2-2　100g 冰中加入盐的量和能达到的最低温度

加入的物质	质量/g	混合后的最低温度/℃	加入的物质	质量/g	混合后的最低温度/℃
Na_2CO_3	6.3	−2.1	NaCl	33	−21.2
KNO_3	13	−2.9	$NH_4NO_3+KNO_3$	52+55	−25.8
$MgSO_4\cdot 7H_2O$	51.3	−3.9	$NH_4SCN+KNO_3$	67+9	−28.2
$Na_2S_2O_3\cdot 5H_2O$	67.5	−11	$NH_4Cl+NaCl$	20+40	−30.0
KCl	30	−11.1	$NH_4Cl+NaNO_3$	13+37.5	−30.7
NH_4Cl	25	−15.8	$MgCl_2$	27.5	−33.6
NH_4NO_3	45	−17.3	KNO_3+KSCN	2+112	−34.1
$NH_4Cl+KNO_3$	20+18.5	−17.8	NH_4NO_3+NaCl	41.6+41.6	−40.0
$NaNO_3$	59	−18.5	$CaCl_2\cdot 6H_2O$	143	−55.0
$(NH_4)_2SO_4$	62	−19			

把样品放在烧瓶里，再把烧瓶放在盛有碎冰的大烧杯里，在冰上加入饱和食盐水到冰高度的一半左右。沿着烧瓶撒入少量食盐，再沿烧瓶外壁加适量的冰。每隔一定时间，重复上述操作。如果冰融化，水量增加，可以用虹吸管吸出一部分水。

还可以用其他冷却剂如液氮（冷却的最低温度为−195.8℃）、干冰和乙醇的混合物（最低温度为−72℃）。

三、不同精度天平（含台秤）的使用

称量是化学实验最基本的操作之一，天平是常用的称量仪器，常用天平有托盘天平、分析天平和电子天平。托盘天平，俗称台秤，称量精确度不高，一般能称准到 0.1g；分析天平和电子天平，称量精确度较高，能称准到 0.1mg 甚至 0.01mg。

1. 托盘天平

托盘天平的构造如图 2-19 所示。使用托盘天平时，应注意：

① 将游码归零，检查指针是否指在刻度盘中心线位置。若不在，可调节右盘下平衡螺丝。当指针在刻度盘中心线左右等距离摆动，则表示天平处于平衡状态，即指针在零点。

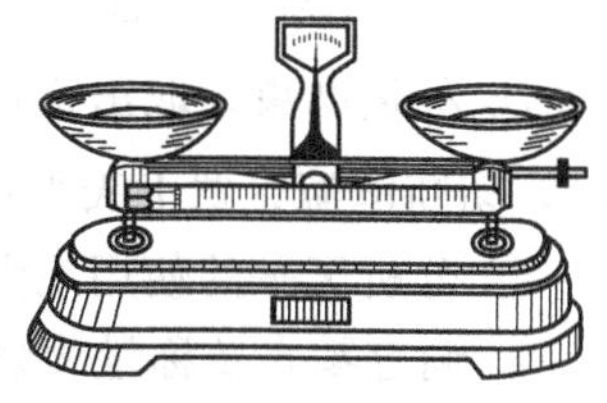

图 2-19　托盘天平

② 左盘放被称物，右盘放砝码。用镊子先加大砝码，再加小砝码，一般 5g 以内质量，通过游码来添加，直至指针在刻度盘中心线左右等距离摆动（允许偏差 1 小格以内）。此时，砝码加游码的质量就是被称物的质量。

③ 托盘天平不能称量热的物品，称量物一般不能直接放在托盘上。要根据称量物性质和要求，将称量物放在称量纸上、表面皿上或其他容器中称量。

④ 取放砝码要用镊子，不能用手拿，砝码不得放在托盘和砝码盒以外其他任何地方。称量完毕后，应将砝码放回原砝码盒，并使天平恢复原状。

2. 分析天平

分析天平按其构造和称量原理，一般分为杠杆式机械天平和电子天平。杠杆式机械天平又分为等臂双盘天平和不等臂单盘天平，它们均具有光学读数装置，故称为电光天平。表2-3为常见分析天平型号和规格。电子天平是以电磁学原理直接显示质量读数的最新一代天平，它称量准确可靠、操作简便，具有自动校准、自动检测、输出打印等功能。

表 2-3 常见分析天平型号和规格

种类	型号	名称	规格(最大载荷/分度值)
双盘天平	TG-328A	全机械加码电光天平	200g/0.1mg
	TG-328B	半机械加码电光天平	200g/0.1mg
	TG-332A	微量天平	20g/0.01mg
单盘天平	DT-100	单盘精密天平	100g/0.1mg
	DTG-160	单盘电光天平	160g/0.1mg
电子天平	FA1604(国产)	上皿式电子天平	160g/0.1mg
	AUY120(岛津)	上皿式电子天平	120g/0.1mg

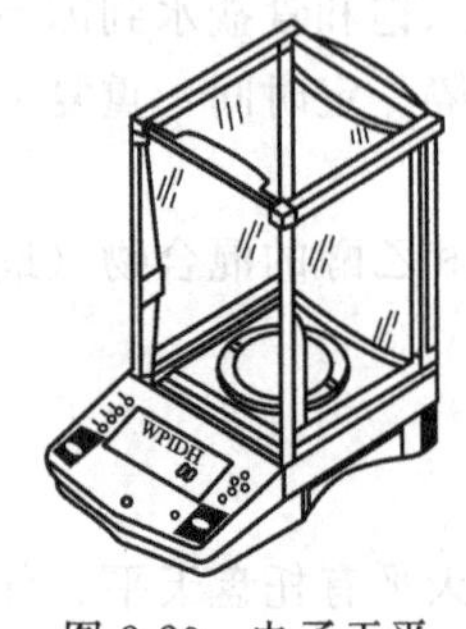

图 2-20 电子天平

电子天平的型号很多，外观类似，如图2-20所示，其使用方法大体相似。

① 观察水泡是否位于水准仪中心，若有偏移，需调整水平调整螺丝，使天平水平。检查天平盘有无遗撒有药品粉末，框罩内外是否清洁。若天平较脏，应先用毛刷清扫干净。检查电源，通电预热至所需时间。

② 轻按下天平 POWER 键（有些型号为 ON 键），系统自动实现自检，当显示器显示“0.0000”后，自检完毕，方可称量。

③ 称量时，将洁净的称量纸（或表面皿、称量瓶、小烧杯等）置于称量盘上，关上侧门，稍候轻按下天平 O/T 键（有些型号为 TAR 键），天平自动校对零点。当显示器显示“0.0000”后，开启右侧门，在称量盘上，缓慢加入待称物质，直到所需质量为止，随手关好门。当显示屏出现稳定数值，即为被称物的质量（g）。

④ 称量结束，取出称量纸，关闭天平门，轻按下天平 POWER 键（有些型号为 OFF 键），切断电源，罩上天平罩，并在记录本上记录使用情况。

⑤ 分析天平的使用规则如下：

a. 调定零点及称量读数时，要留意天平门是否关好。称量读数，必须立即记录在记录本上。调定零点后或称量读数后，应随手关闭天平，不要让天平长时间处于开启状态。

b. 对于过热或过冷的被称物，应置于干燥器中，冷却至天平室温度才能称量。被称物质量不能超过天平最大载荷。

c. 通常在天平箱内放两小烧杯硅胶作干燥剂，硅胶失效后（变红）应及时更换。保持天平、实验台和天平室整洁和干燥。有条件的天平室可配吸湿机和安装分体空调器。

d. 天平必须远离振源、热源，并与化学处理室隔离。天平必须安放在牢固的实验台上。窗户应悬挂黑布窗帘，避免阳光直射。

e. 如果发现天平异常，应及时报告教师或实验室工作人员，不得自行处理。称量完毕后，应及时对天平进行复原，检查使用情况，并做记录。

3. 称量方法

（1）直接称量法

此法适用于称量洁净干燥的器皿（如称量瓶、小烧杯、表面皿等）、块状或棒状的金属等物体。方法是：先调节天平零点，将待称物置于天平称量盘，待天平读数稳定后直接读出物体的质量。

（2）差减称量法

此法适用于称量一定质量范围的粉末状物质，特别是在称量过程中易吸水、易氧化或易与 CO_2 反应的物质。由于称取试样的量是由两次称量质量之差求得，故此法称为减量称量法（或递减、差减称量法）。称量方法如下：

从干燥器中取出称量瓶（注意：不要让手指直接接触称量瓶和瓶盖），用小纸条夹住称量瓶，打开瓶盖，用牛角匙加入适量试样（一般为称一份试样质量的整数倍），盖上瓶盖。用清洁的纸条叠成称量瓶高 1/2 左右的多层纸带，套在称量瓶上，左手拿住纸带两端，如图 2-21 所示，把称量瓶置于天平称量盘，称出称量瓶加试样的准确质量。

将称量瓶取出，在接受器的上方，倾斜瓶身，用纸片夹取出瓶盖，用称量瓶盖轻轻敲瓶口上部使试样慢慢落入容器中，如图 2-22 所示。当倾出的试样接近所需量（可从体积上估计或试重得知）时，一边逐渐将瓶身竖立，一边继续用瓶盖轻敲瓶口，使黏附在瓶口上的试样回到瓶底，然后盖上瓶盖。把称量瓶放回天平称量盘，准确称取其质量。

图 2-21　称量瓶拿法

图 2-22　从称量瓶中敲出试样

两次称量质量之差，即为敲出试样的质量。按上述方法连续递减，可称量多份试样。倾样时，一般很难一次倾准，往往需几次（不超过 3 次）相同的操作过程，才能称取一份符合要求的样品。

（3）固定质量称量法

如称量 1.2258g $K_2Cr_2O_7$ 基准试剂。方法是：准确称量一洁净干燥的表面皿（或小烧杯），记录读数后，用小牛角匙在表面皿上缓慢加入试剂，直到所加试剂接近 1.2258g 只差几毫克时，才全开天平，再极其小心地以左手持盛有试剂的牛角匙，伸向天平左盘表面皿中心部位上方约 2～3cm 处，匙柄顶在掌心，用左手拇指、中指及掌心拿稳牛角匙，以食指轻弹牛角匙柄，让试剂慢慢抖入皿中，直到天平读数正好增加到 1.2258g 为止。

实验2 物质的称量

一、实验目的

(1) 了解天平的构造原理及使用方法。

(2) 学会对物质精确称量的几种方法——直接称量法、固定称量法及差减法。

二、实验原理

天平是化学实验中不可缺少的重要仪器。精确测定一定物质的质量到 0.0001g 或更小，是分析化学实验中经常碰到的问题。物质的精确称量一般使用分析天平，因此，充分了解仪器性能及熟练掌握其使用方法，是获得可靠分析结果的保证。分析天平按其结构来说，有摇摆天平、阻尼天平、半机械电光天平、全机械电光天平、电子天平、微量天平等等。目前最常用的是电子天平，它是根据电磁力平衡原理，直接称量，全量程不需砝码，放上被称物后，在几秒钟内即达到平衡，具有称量速度快、精度高、使用寿命长、性能稳定、操作简便和灵敏度高的特点，还具有自动校正、自动去皮、超载指示故障报警等功能，广泛应用于化学实验室。

对物质的称量应根据物质的性质选择称量方法。主要的称量方法有：直接称量法，固定质量称量法和差减称量法三种。

1. 直接称量法

该法适用于块状或成型的能稳定存在的物质，称量时直接将待测物放在天平盘中央，待稳定后显示屏上的数字即为称量物的质量。

2. 固定质量称量法

该法适用于称量不易吸潮，在空气中能稳定存在的粉末状或小颗粒样品（称量纸、表面皿或烧杯）。即先称容器质量（如烧杯、表面皿、铝铲、硫酸纸等），然后用牛角匙轻轻振动使试样慢慢倒入容器，直到显示屏上显示的数据与要求的质量一致为止。

3. 差减称量法

该法适用于称量易吸水、易氧化或易与 CO_2 反应的物质。该试样一般盛放在称量瓶中，称量瓶置于干燥器中。称量时，从干燥器中取出称量瓶，先精确称出称量瓶和试样的质量 m_2，然后小心倾倒试样直至所需质量的试样为止。称出倒出试样后剩余样品与称量瓶的质量 m_1，则（m_2-m_1）即为所需要称量的试样质量。倒样品时，在接受器上方打开称量瓶盖，用称量瓶盖轻敲瓶口上部，使试样缓缓落于容器中。

三、主要仪器与试剂

1. 仪器

电子天平，台秤。

2. 药品

无水硫酸钠。

四、实验步骤

(1) 直接法称量标准物质的质量 m（保留小数点后四位）。

(2) 采用固定质量称量法称取 0.3g 左右的样品（保留小数点后四位）。

(3) 采用差减称量法称 3 份质量在 0.3～0.5g 无水硫酸钠（Na_2SO_4）样品（要求从称量瓶中转移到烧杯中药品的质量与烧杯从称量瓶处接收的质量的绝对误差在 0.0005g 左右）。

注意：

(1) 拿称量瓶时应用干净的纸带或戴上手套；

(2) 倒出的样品不得再倒回称量瓶中；

(3) 不得直接称量具有腐蚀性的药品；

(4) 不得称量过冷过热的物品；

(5) 不得将物品洒落在天平里；

(6) 称量物品的质量不得超过天平的载重。

五、思考题

(1) 称量方法有几种？如何选择称量方法？

(2) 分析天平的灵敏度越高，是否称量的准确度就越高？

(3) 使用电子分析天平时应注意什么？

四、量筒、滴定管、移液管及容量瓶的使用

1. 量杯和量筒

量杯和量筒是精密度要求不高的量取液体体积的量度仪器。一般容量有 5mL、10mL、25mL、50mL、100mL、250mL、500mL、1000mL 等，可根据需要选用，切勿用大容量的量杯和量筒量取小体积，这样会使精度下降。一般来讲，量筒比量杯精度高一些。

量取液体时，应让量筒放平稳，且停留 15s 以上，待液面平静后，使视线与量筒内液体的弯月面最低处保持水平，偏高或偏低都会因读数不准而造成较大的误差（见图 2-23）。

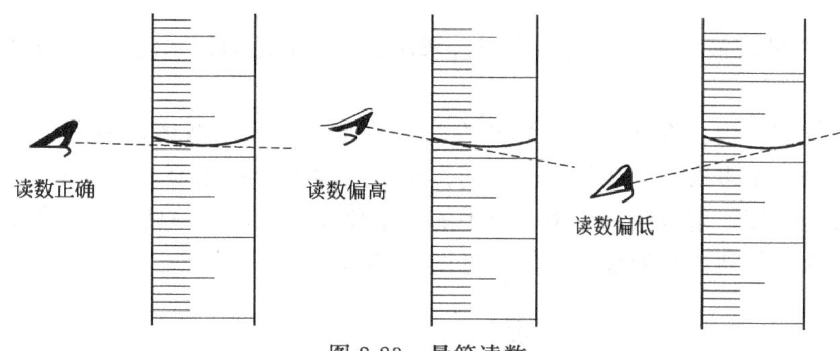

图 2-23　量筒读数

2. 移液管和吸量管

移液管和吸量管都是精密度较高，用于准确量取一定液体体积的仪器。移液管是定容量的大肚管，只有一条刻度线，无分度刻度线，所以到了刻度线即为定温度的规定体积，一般有 1mL、2mL、5mL、10mL、20mL、25mL、50mL、100mL 等规格。吸量管是一种直线形的带分度刻度的移液管，管上标为最大容量。一般有 0.1mL、0.2mL、0.5mL、1mL、2mL、5mL、10mL 等规格。例如 5mL 吸量管，最大容量为 5.00mL，其分度刻度为 5.00mL、4.50mL、4.00mL…0.00mL；因此，它可以移取 0～5mL 内任意体积的液体，精

度比量筒高。

移液管和吸量管的使用方法（见图 2-24）：

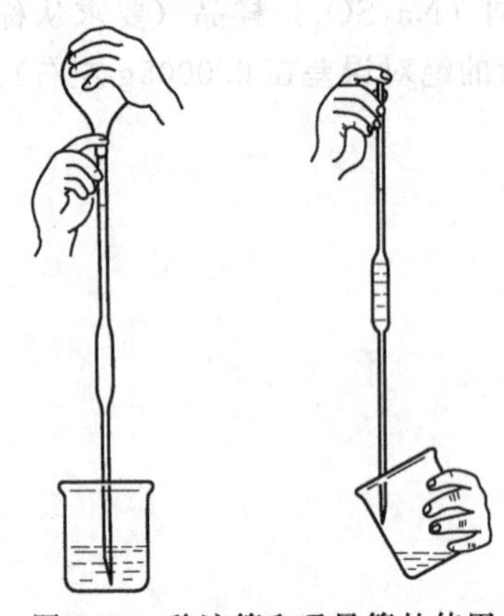

图 2-24　移液管和吸量管的使用

① 洗涤。首先用洗耳球吸取少量的铬酸洗液，然后用手按住，将移液管处于水平，两手托住转动让洗液润湿全部管壁，从上口倒出洗液。再用自来水吸取残存洗液，接着用蒸馏水洗净，最后用待取的液体润洗三次，使得被移取的液体浓度保持不变。

② 移液操作。将移液管尖插入移取的液体中，左（或右）手的拇指及中指拿住管颈标线以上部位，右（或左）手拿洗耳球，洗耳球的尖端插入管颈口，并使其密封，慢慢地让洗耳球自然恢复原状，直至液体上升到管颈标线以上，迅速移去洗耳球，立即以左（或右）手的食指按住管颈口，右（或左）手拿盛放被移取的溶液的器皿，使移液管垂直提高到管颈线与视线成水平，右（或左）手拿的器皿口接在移液管尖嘴下，左（或）右手食指放松或用拇指及中指轻轻转动移液管，使液面缓慢而又平稳下降，直至液面的弯月面与标线相切，立即按紧食指，不让液体流下；若尖端口有半滴液体，可在原器壁轻轻靠一下就行。

3. 容量瓶

容量瓶是一种用于配制准确浓度的带磨口塞的仪器，它在一定温度时刻度线处即为规定体积，一般容量为 10mL、25mL、50mL、100mL、200mL、250mL、500mL、1000mL、2000mL 等规格，其操作步骤为：

① 检漏。在瓶中装少量水，塞紧塞子，右手顶住塞子，将瓶倒立，观察瓶塞是否漏水或渗水，若不漏也不渗水，则将瓶塞旋转 180°再塞紧，重复上面操作，如不漏也不渗水，则此瓶可用。

② 用重铬酸钾洗液洗涤容量瓶，再用自来水洗，接着用蒸馏水洗涤瓶塞和整个容量瓶。

③ 溶液的配制。

固体物质配制溶液：将称好的固体放在烧杯中加入少量水溶解，溶完后，转移到容量瓶，再用少量蒸馏水多次洗涤烧杯，洗液同样进入容量瓶，加水至 3/4 左右，先将瓶摇匀，再将蒸馏水加至刻度，塞紧瓶塞，用一只手的食指顶住瓶塞，另一只手握住瓶底，将瓶横放摇动，倒转数次，使瓶内溶液混合均匀（见图 2-25）。

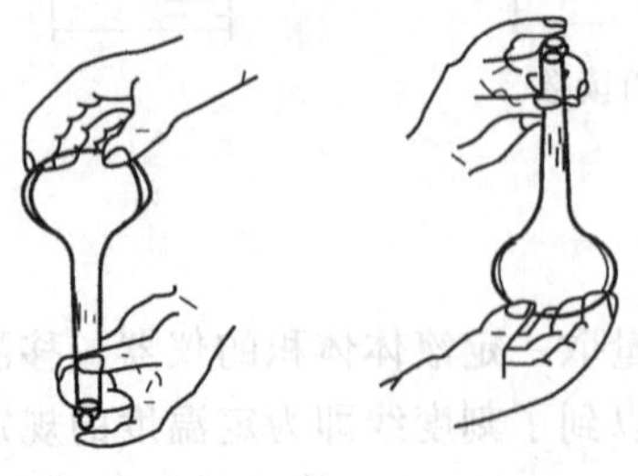

图 2-25　容量瓶配液及转移

液体溶液稀释成标准溶液：用移液管移取一定体积溶液至容量瓶中，再加蒸馏水，以下操作与上相同。

4. 滴定管

滴定管分酸式和碱式两种，除了碱溶液放在碱式滴定管中进行滴定外，其他溶液都在酸式滴定管中进行。酸式滴定管下端为玻璃塞，使用如下。

(1) 检漏

往滴定管中装满水到刻度附近，垂直架在滴定台上，关上活塞，观察滴定管口是否有水滴以及活塞与塞槽间隙是否漏水，若不漏则将活塞旋转180°再检查，若漏水则需涂凡士林。

(2) 涂凡士林

为了使活塞转动灵活并克服漏水现象，需将活塞涂上凡士林。首先将活塞取下，用滤纸擦干，然后揩干活塞槽。在活塞的大头涂上一层薄薄的凡士林，在活塞小孔两侧的垂直方向用手指涂上很薄的凡士林，将活塞插入滴定管，插入时旋孔应与滴定管平行，径直插入，沿同一方向转动活塞，使活塞与塞槽处呈透明状态且活塞转动灵活为止。若不透明，需重新涂凡士林。套上橡皮圈，以防活塞滑出塞槽，如图2-26～图2-28所示。

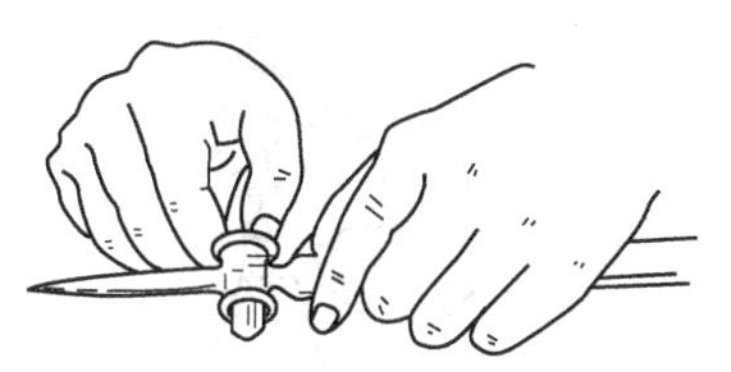
图2-26　擦干活塞槽

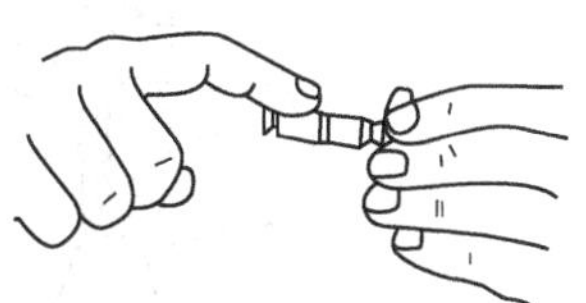
图2-27　活塞涂凡士林

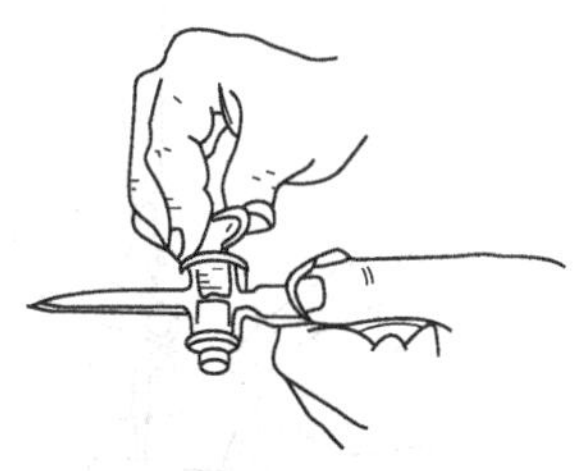
图2-28　旋转活塞至透明

(3) 洗涤方法

根据滴定管脏污的情况，首先用铬酸洗液洗涤，洗涤时，倒入约1/4体积，慢慢倾斜旋转滴定管，使管壁全部被洗液润湿，然后打开活塞让洗液充满下端，再关闭活塞，将洗液大部分从管口倒回原储存瓶，打开活塞使小部分的洗液从管尖倒回原储存瓶中。接着用少量的自来水洗去残存液体，倒回原储存瓶，然后用蒸馏水少量多次洗涤，最后用待装液润洗滴定管2～3次，使待装液的浓度保持不变。

(4) 装溶液及赶气泡

将溶液加入洗净并润洗的滴定管中，溶液加到零刻度以上，将活塞开到最大，放出一些溶液，依靠重力使溶液充满活塞下端，赶出气泡，关上活塞，检查下端是否充满液体，若没有，可重新打开活塞，从滴定管的上方用洗耳球往下吹，即可赶出气泡，然后关上活塞。

(5) 读数

滴定管是一种准确量取液体的仪器，因此，读数是一个非常重要的操作。读数时滴定管应垂直，视线应与液体弯月面下部的最低点保持在同一水平上，偏高或偏低都会带来误差。而对于高锰酸钾这样的深色溶液，则读最高处。为了方便可借助于读数卡（见图2-29）。

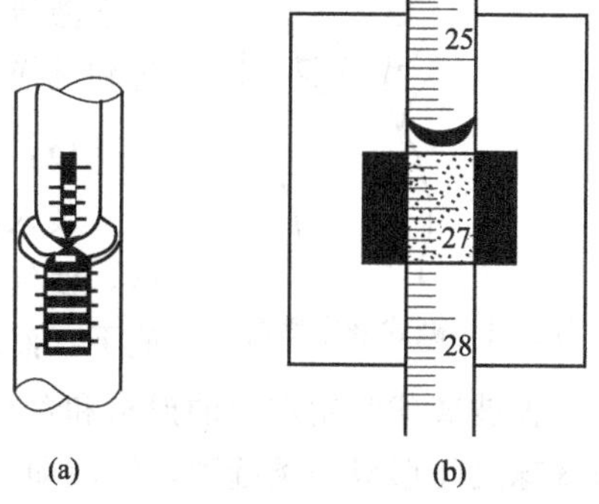

图2-29　滴定管读数

目前还有一种蓝线滴定管，液体有两个弯月面相交于蓝线的某一点。读数时，视线应与此点处于同一水平面。若为有色溶液，应使视线与液面两侧的最高点相切。

(6) 滴定操作

滴定（见图 2-30）最好在锥形瓶中进行，液体多时可在烧杯中进行。滴定时，最好每次都从 0.00mL 开始，或接近 0.00mL 的某一刻度开始，这样可减少滴定管刻度不均匀带来的误差。

滴定管垂直地夹在滴定管夹上，下端伸到容器内约 1cm 左右，操作如图 2-30 所示，左手控制滴定管活塞，大拇指在前，食指和中指在后，手指略微弯曲，手心空握，轻轻地向内扣住活塞，以免活塞松动，甚至顶出活塞。右手握住锥形瓶，边滴边摇动，且向同一方向作圆周旋转，不能上下或前后振动，以免溅出溶液。开始滴定时可快些，一般控制在每分钟 10mL 左右，每秒 3～4 滴，即一滴接着一滴，临近终点时，应一滴或半滴地加入，即加入一滴或半滴后用洗瓶吹出少量水洗锥形瓶壁，摇匀，再加入一滴或半滴，摇匀，直至指示剂变色而不再变化为止，即可认为终点到达。

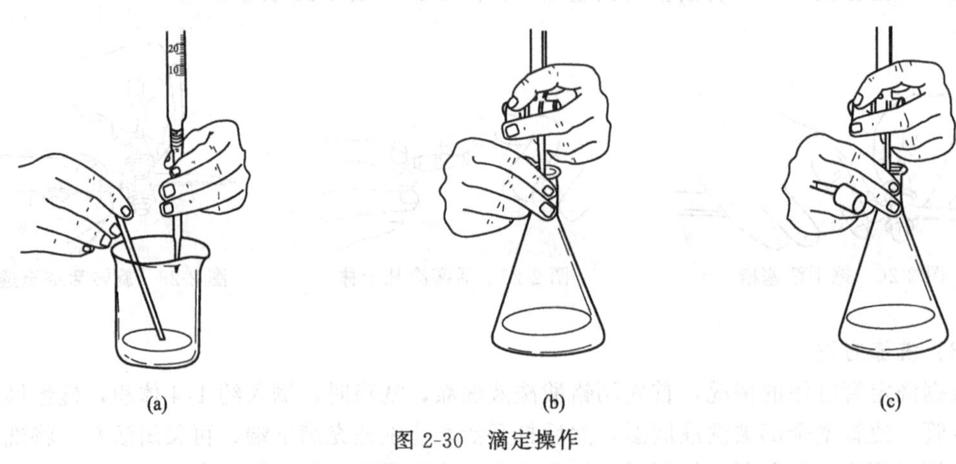

图 2-30 滴定操作

碱式滴定管下端接一橡皮管，内有玻璃圆球，连接一尖嘴玻璃管，代替玻璃活塞。使用方法除以下不同，其余与酸式滴定管均相同。

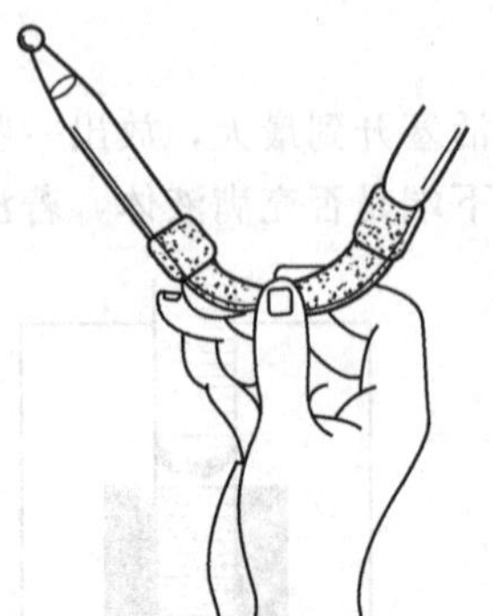
图 2-31 碱式滴定管赶气

(1) 洗涤方法

由于橡皮会被氧化剂腐蚀，所以用洗液洗时，将滴定管上口倒置于盛有洗液的烧杯中用洗耳球接在尖嘴口，轻捏玻璃球，液体徐徐上升到接近橡皮管处放开玻璃球，待洗液浸泡一段时间后，让洗液流尽，然后用自来水冲洗干净，再用蒸馏水洗净装上橡皮管和洗净的玻璃球及尖嘴玻璃管，再用滴定液润洗三遍。

(2) 装液和赶气泡

装入滴定液到零刻度以上，将橡皮管向上弯曲，轻轻捏玻璃球，使气泡随液体流出，让液体充满橡皮管和尖嘴玻璃管，垂直放下，然后松手（见图 2-31）。

捏玻璃球时用左手的拇指和食指捏橡皮管中部玻璃球所在部位稍上的地方，使橡皮管和玻璃球之间形成一条缝隙，溶液即可流出。但不得捏玻璃球下方的橡皮管，否则空气进入，易形成气泡。

五、搅拌

当反应是在均相中进行时，一般不需要搅拌，因为产生一定程度的对流，可保证液体各部分均匀受热和接触。当物质在加热、溶解、冷却及非均相化学反应时或反应物之一是在反应过程中逐步加入的，常需搅拌，常用的搅拌器有以下几种。

（1）人工搅拌

一般借助于玻璃棒就可以进行，将待溶解的物料溶解于溶剂中，用搅拌棒搅拌加速溶解。搅拌液体时，手持玻璃棒并转动手腕，使玻璃棒带动容器中的液体均匀转动，使溶质与溶剂充分混合，溶液的温度均匀一致。注意搅拌不能太猛烈，也不能使搅拌棒触及容器底部及器壁。

（2）电动搅拌器

快速或长时间的搅拌可使用电动搅拌器，如图 2-32 所示。电动搅拌器由机座、微型电动机、调速器三大部分组成，电动机主轴配有搅拌轧头，通过搅拌轧头将搅拌棒轧牢。电动搅拌器可使互不相溶的反应增加接触，加速反应的进行，是一种有效的机械搅拌器。

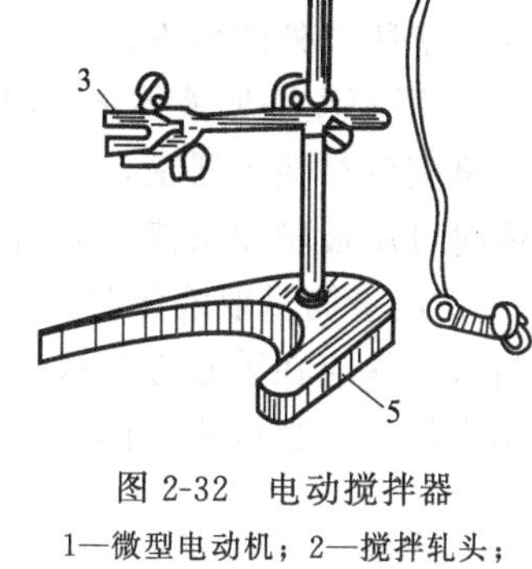

图 2-32　电动搅拌器

1—微型电动机；2—搅拌轧头；3—大烧瓶夹；4—调速器；5—机座

（3）磁力搅拌器

利用磁场对磁铁的吸引，通过电动机转动磁铁，使装有磁铁的转子跟着一起转动，从而实现搅拌操作，装置如图 2-33 所示。磁力搅拌适用于体积小、黏度低的液体，在滴定分析中经常用此方法搅拌溶液。

磁力加热搅拌器既可加热，又能搅拌，使用非常方便，装置如图 2-34 所示。

使用磁力搅拌时要注意以下几点：

① 磁力搅拌器工作时必须接地。

② 转子要沿容器壁轻轻滑入容器底部。

③ 先将转子放入容器中，再将容器放在搅拌器上。打开电源后，要缓慢调节调速旋钮进行搅拌。速度过快会使转子脱离磁铁的吸引，不停地跳动，出现此情况时，应迅速将调速旋钮调到停止的位置，待转子停止跳动后再逐步加速。

④ 搅拌结束后，要先取出转子，再倒出液体，立即洗净转子并保存好。

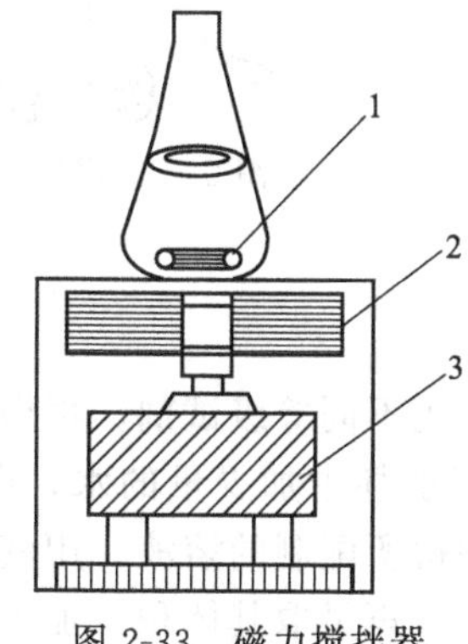

图 2-33　磁力搅拌器

1—转子；2—磁铁；3—电动机

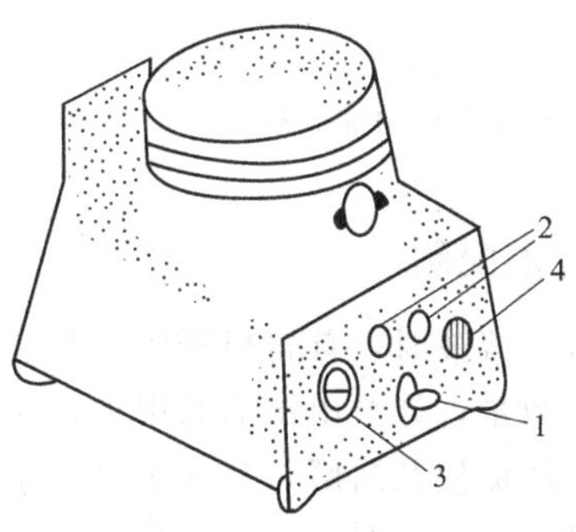

图 2-34　磁力加热搅拌器

1—电源开关；2—指示灯；3—调速旋钮；4—加热调节旋钮

六、试剂的取用、配制及保管

1. 试剂的取用

固体试剂应装在广口瓶内，液体试剂盛放在细口瓶或滴瓶内。每个试剂瓶上都要贴上标签，标明试剂的名称、浓度和纯度等。

(1) 固体试剂的取用

① 固体试剂必须用干净的药匙取用，不得用手直接拿取，药匙的两端为大、小两个匙，取大量固体时用大匙，取少量固体时用小匙。

② 取出试剂后，一定要及时将瓶塞盖严并将试剂瓶放回原处。取多了的药品，不能倒回原瓶。

③ 要求取用一定质量的固体时，可将固体试剂放在表面皿或干净的纸上称量。具有腐蚀性、强氧化性或易潮解的固体试剂只能放在封闭的玻璃容器（如称量瓶）中进行称量。不准使用滤纸盛放称量物。

(2) 液体试剂的取用

① 自滴瓶中取液体试剂时，必须注意保持滴管垂直，避免倾斜，尤忌倒立，防止试剂流入橡皮胶头内而将试剂污染。滴管的尖端不可接触试管内壁（见图 2-35），也不得将滴管放在原滴瓶以外的地方，更不可将它错放到装有另一种溶液的滴瓶中。

② 用倾注法取液体试剂时，先将瓶盖取出倒放在桌上，右手握住瓶子，使试剂标签朝上，将瓶口靠住容器壁，缓缓倾出所需液体，让液体沿壁下流。如所用容器为烧杯，则倾注液体时可用玻璃棒引流（见图 2-36）。用完后应及时将瓶盖盖上，立即放回原处。

③ 用量筒量取液体时，应左手持量筒，并以大拇指指示所需体积的刻度处；右手持试剂瓶（标签应在手心方向），瓶口紧靠量筒口边缘，慢慢注入液体至所指刻度（见图 2-37）。若倾出的液体超过所需体积，超过量应弃去或转给他人用，不得倒回原瓶。

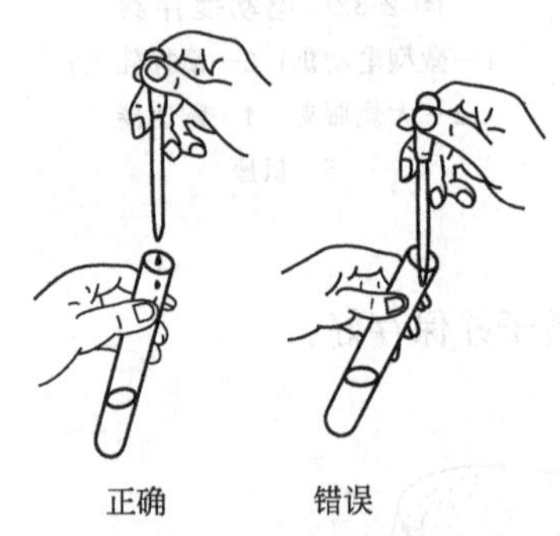

图 2-35 往试管中滴加溶液

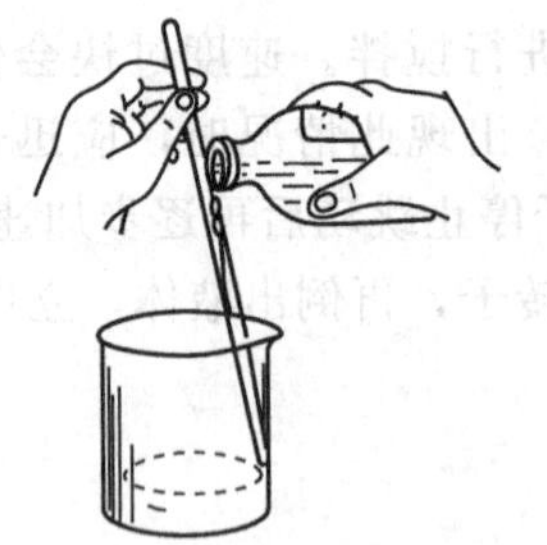

图 2-36 液体试剂倒入烧杯

图 2-37 用量筒取液体

2. 溶液的配制

配制试剂溶液时，首先根据所配制试剂纯度的要求，选用不同等级试剂，再根据配制溶液的浓度和数量，计算出试剂的用量。经称量后的试剂置于烧杯中加少量的水，搅拌溶液，必要时可加热促使其溶解，再加水至所需的体积，摇匀，即得所配制的溶液。用液态试剂或浓溶液稀释成稀溶液时，需先计算试剂或浓溶液的相对浓度，再量取其体积，加入所需的水搅拌均匀即可。

配制饱和溶液时，所需试剂量应稍多于计算量，加热使之溶解、冷却，待结晶析出后再用。

配制易水解盐溶液时，应先用相应的酸溶液或碱溶液溶解，以抑制其水解。

配制易氧化的盐溶液时，不仅需要酸化溶液，还需加入相应的纯金属，使溶液稳定，如配制 $FeCl_2$、$SnCl_2$ 溶液时，需分别加入金属铁、金属锡。

配制好的溶液盛装在试剂瓶或滴瓶中，摇匀后贴上标签，注意标明溶液名称、浓度和配制时间。对于大量使用的溶液，可事先配制出比预定浓度约大 10 倍的储备液，用时再稀释。

3. 试剂的保管

试剂若保管不当，会变质失效，不仅造成浪费，甚至会引起事故。因此，应注意对化学药品进行妥善保管。一般的化学试剂应保存在通风良好、干净、干燥的房子里，以防止被水分、灰尘和其他物质污染。同时，应根据试剂的不同性质而采取不同的保管方法。

容易侵蚀玻璃而影响试剂纯度的试剂，如氢氟酸、含氟盐和苛性碱等，应保存在聚乙烯塑料瓶或涂有石蜡的玻璃瓶中。见光会逐渐分解的试剂，与空气接触易逐渐被氧化的试剂，以及易挥发的试剂，应放在棕色瓶内置于冷暗处。吸水性强的试剂，如无水碳酸盐、氢氧化钠、过氧化氢等应严格密封。

易相互作用的试剂，如挥发性的酸和氨，氧化剂与还原剂应分开存放。易燃的试剂，如乙醇、乙醚、苯、丙酮与易爆炸的试剂，如高氯酸、过氧化氢、硝基化合物，应分开存在阴凉通风、不受阳光直射的地方。

剧毒试剂，如氰化钾、氰化钠、氢氟酸、氯化汞、三氧化二砷等，应特别注意专人妥善保管，严格做好记录，经一定手续取用，以免发生事故。

极易挥发并有毒的试剂可放在通风橱内，当室温较高时，可放在冷藏室内保存。

4. 试纸的使用

(1) pH 试纸

pH 试纸是检验溶液 pH 值的一种试纸。一般分为两类：一类是广泛 pH 试纸，pH 值分别为 1～10、1～12、1～14 三种，是一种粗略检测溶液 pH 值的试纸。另一类是精密 pH 值试纸，pH 值分别在 2.7～4.7、3.8～5.4、5.4～7.0、6.0～8.4、8.2～10.0、9.5～13.0 等变色范围，检测的精度比广泛 pH 试纸高。

用试纸试验溶液的酸碱性时，将剪成小块的试纸放在表面皿或白色点滴板上，用玻璃棒蘸取待测溶液接触试纸中部，试纸即被溶液湿润而变色，将其与所附的标准色板比较，便可以粗略确定溶液的 pH。注意不能将试纸浸泡在待测溶液中，以免造成误差或污染溶液。

(2) 碘化钾-淀粉试纸

碘化钾-淀粉试纸用以定性检验氧化性气体（如 Cl_2、Br_2 等）。将滤纸在碘化钾-淀粉溶液中浸泡后，晾干即成。使用时要用蒸馏水将试纸润湿，平置试管口上。氧化性气体溶于试纸上的水后，将 I^- 氧化成 I_2 分子。I_2 分子立即与试纸上的淀粉作用，使试纸变为蓝紫色。

注意，如氧化性气体的氧化性很强且含量很大，有可能进一步将 I_2 分子继续氧化成 IO_3^-，而使变蓝的试纸再褪色，从而误认为试纸没有变色，以致得出错误的结论。

(3) 乙酸铅试纸

乙酸铅试纸用于定性地检验反应中是否有硫化氢气体产生（即溶液中是否有 S^{2-} 存在）。

将滤纸经3%乙酸铅溶液浸泡后，晾干即为乙酸铅试纸。使用时要用蒸馏水润湿试纸，将待测溶液酸化，如果有S^{2-}存在，则生成硫化氢气体逸出，遇到试纸，即溶于试纸上的水中，并与试纸上的乙酸铅反应，生成黑色的硫化铅沉淀。

实验3 溶液配制和pH值的测定

一、实验目的

(1) 学习实验室常用溶液的配制方法。

(2) 学习容量瓶和移液管的使用方法。

(3) 学习常用pH试纸的使用。

(4) 学习酸度计的使用方法。

二、实验原理

化学实验通常配制的溶液有一般溶液和标准溶液。

1. 一般溶液的配制

配制一般溶液常用以下三种方法。

(1) 直接水溶法：对易溶于水而不发生水解的固体试剂，例如NaOH、$H_2C_2O_4$、KNO_3、NaCl等，配制其溶液时，可用托盘天平称取一定量的固体于烧杯中，加入少量蒸馏水，搅拌溶解后稀释至所需体积，再转移入试剂瓶中。

(2) 介质水溶法：对易水解的固体试剂如$FeCl_3$、$SbCl_3$、$BiCl_3$等。配制其溶液时，称取一定量的固体，加入适量一定浓度的酸（或碱）使之溶解，再以蒸馏水稀释，摇匀后转入试剂瓶。

在水中溶解度较小的固体试剂，在选用合适的溶剂溶解后，稀释，摇匀转入试剂瓶。例如固体I_2，可先用KI水溶液溶解。

(3) 稀释法：对于液态试剂，如盐酸、H_2SO_4、HNO_3、HAc等。配制其稀溶液时，先用量筒量取所需量的浓溶液，然后用适量的蒸馏水稀释。配制H_2SO_4溶液时，需要特别注意，应在不断搅拌下将浓H_2SO_4缓慢地倒入盛水的容器中，切不可将操作顺序倒过来。

一些容易见光分解或易发生氧化还原反应的溶液，要防止在保存期间失效。如Sn^{2+}及Fe^{2+}溶液应分别放入一些Sn粒和Fe屑。$AgNO_3$、$KMnO_4$、KI等溶液应储于干净的棕色瓶中。容易发生化学腐蚀的溶液应储于合适容器中。

2. 标准溶液的配制

已知准确浓度的溶液称为标准溶液。配制标准溶液的方法有两种。

(1) 直接法：用分析天平准确称取一定量的基准试剂于烧杯中，加入适量的蒸馏水溶解后，转入容量瓶，再用蒸馏水稀释至刻度，摇匀。其准确浓度可由称量数据及稀释体积求得。

(2) 标定法：不符合基准试剂条件的物质，不能用直接法配制标准溶液，但可先配成近似于所需浓度的溶液，然后用基准试剂或已知准确浓度的标准溶液标定它的浓度。

当需要通过稀释法配制标准溶液的稀溶液时，可用移液管准确吸取其浓溶液至适当的容量瓶中配制。

3. pH 值的测定

粗略检测溶液 pH 值可使用 pH 试纸，精确测量则可采用直接电位法。用电位法测量溶液 pH 值时，采用玻璃电极为指示电极，酸度计为测量仪表，可直接读取溶液的 pH 值。酸度计除了供测量溶液的 pH 值之外，还可测量电位差。

三、主要仪器与试剂

1. 仪器

托盘天平，分析天平，酸度计，容量瓶（250mL、100mL），滴瓶，吸量管（10mL），烧杯（50mL）。

2. 试剂

浓 H_2SO_4，浓盐酸，浓 HNO_3，NaCl，NaOH，$FeSO_4 \cdot 7H_2O$，$KHC_8H_4O_4$（AR），$Na_2B_4O_7 \cdot 10H_2O$（AR），NaCl（1.000mol/L），pH 试纸。

四、实验步骤

安全预防：浓硫酸、浓盐酸和浓硝酸均有腐蚀性，避免直接接触；配制硫酸溶液切记应在不断搅拌下将浓硫酸缓慢地倒入盛水的容器中，切不可将操作顺序倒置。

1. 酸、碱溶液的配制

（1）配制 100mL 0.05mol/L 氢氧化钠溶液，储于滴瓶中。

（2）用浓硫酸、浓盐酸、浓硝酸分别配制 0.05mol/L 硫酸、0.05mol/L 盐酸、0.05mol/L 硝酸溶液各 100mL，分别储于滴瓶中。

2. 盐溶液的配制

配制 0.1mol/L 的 NaCl、$FeSO_4$ 溶液各 100mL，并分别储于滴瓶中。

3. 标准溶液的配制

（1）$KHC_8H_4O_4$ 溶液的配制：准确称取 5.1050～5.1063g $KHC_8H_4O_4$ 晶体于烧杯中，加入少量水使其完全溶解后，转移至 250mL 容量瓶中，再用少量水淋洗烧杯及玻璃棒数次，并将每次淋洗的水全部转入容量瓶，最后以水稀释至刻度，摇匀。计算其准确浓度。

（2）$Na_2B_4O_7$ 溶液的配制：准确称取 4.7650～4.7663g $Na_2B_4O_7 \cdot 10H_2O$ 晶体，按上述方法配成 250mL 溶液，计算其准确浓度。

（3）NaCl 标准溶液的稀释：用已知浓度为 1.000mol/L 的 NaCl 溶液配制成 0.100mol/L 的 NaCl 溶液 100mL。

4. pH 值的测定

用干燥的 50mL 烧杯，分别取约 30mL 上述配制的酸、碱、盐溶液。分别用 pH 试纸及 pH 计测定它们的 pH 值，并比较其结果。

五、思考题

（1）配制有明显热效应的溶液时，应注意哪些问题？

（2）用容量瓶配制标准溶液时，是否可用托盘天平称取基准试剂？

（3）为什么在测量溶液的 pH 值时，应尽量选用 pH 值与它相近的标准缓冲溶液来进行“定位”？

（4）测量溶液的 pH 值时，如何才能得到准确的结果？

实验4 食用醋酸总酸度的测定

一、实验目的

(1) 了解强碱滴定弱酸过程中溶液 pH 值的变化以及指示剂的选择。

(2) 学习食用醋中总酸度的测定方法。

二、实验原理

食用醋的主要酸性物质是醋酸（HAc），此外还含有少量其他弱酸，如乳酸等。醋酸的解离常数 $K_a=1.8\times10^{-5}$，用 NaOH 标准溶液滴定醋酸，化学计量点的 pH 值约为 8.7，可选用酚酞为指示剂，滴定终点时溶液由无色变为微红色，滴定时，不仅 HAc 与 NaOH 反应，食用醋中可能存在的其他酸也与 NaOH 反应，故滴定所得为总酸度，以 ρ_{HAc}(g/L) 表示。

三、主要仪器与试剂

1. 仪器

滴定管（50.00mL），锥形瓶（250mL），量筒（10mL），移液管（25.00mL），容量瓶（250.00mL），电子天平。

2. 试剂

NaOH 溶液（0.1mol/L），邻苯二甲酸氢钾（$KHC_8H_4O_4$）基准试剂，酚酞溶液（2g/L，乙醇溶液），食用醋。

四、实验步骤

1. 0.1mol/L NaOH 溶液的标定

用差减法称取 $KHC_8H_4O_4$ 基准物质 0.4～0.6g 于 250mL 锥形瓶中，加 40～50mL 蒸馏水溶解，加入 2～3 滴酚酞指示剂，用待标定的 NaOH 溶液滴至溶液呈微红色并保持 30s 不褪色，即为终点。平行标定 3 份，计算 NaOH 溶液的浓度和各次标定结果的相对偏差（见表 2-4）。

表 2-4 $KHC_8H_4O_4$ 标定 NaOH 溶液

滴定编号	1	2	3
$m_{KHC_8H_4O_4}$/g			
V_{NaOH}/mL			
c_{NaOH}/(mol/L)			
c_{NaOH} 平均值/(mol/L)			
相对偏差/%			
相对平均偏差/%			

2. 食用醋总酸度的测定

准确移取食用白醋 25.00mL 于 250mL 容量瓶中，用新煮沸并冷却的蒸馏水稀释至刻度，摇匀。用移液管移取 25.00mL 上述稀释后的试液于 250mL 锥形瓶中，加入 2～3 滴酚酞指示剂。用上述 0.1mol/L NaOH 标准溶液滴至溶液呈微红色且 30s 内不褪色，即为终点。平行测定 3 次，根据消耗的 NaOH 标准溶液的量，计算食用醋总酸度 ρ_{HAc}(g/L)，如表 2-5 所示。

表 2-5　食用醋总酸度的测定

滴定编号	1	2	3
$V_{食用白醋}$/mL			
$V_{稀释后}$/mL			
V_{NaOH}/mL			
ρ_{HAc}/(g/L)			
ρ_{HAc} 平均值/(g/L)			
相对偏差/%			
相对平均偏差/%			

五、思考题

(1) 以 NaOH 溶液滴定 HAc 溶液，属于哪类滴定？怎样选择指示剂？

(2) 测定醋酸含量时，所用的蒸馏水不能含二氧化碳，为什么？

七、干燥

1. 瓷坩埚的准备

在定量分析中用滤纸过滤的沉淀，须在瓷坩埚中灼烧至恒重。因此要事先准备好已知质量的坩埚。将洗净的坩埚倾斜放在泥三角上，斜放好盖子，用小火加热坩埚盖（见图 2-38），使热空气流反射到坩埚内部将其烘干。稍冷，用硫酸亚铁铵溶液（或硝酸钴、三氯化铁等溶液）在坩埚和盖上编号，然后在坩埚底部灼烧至恒重。灼烧温度和时间应与灼烧沉淀时相同（沉淀灼烧所需的温度和时间，随沉淀而定）。在灼烧过程中要用热坩埚钳慢慢转动坩埚数次，使其灼烧均匀。也可放入马弗炉灼烧至恒重。

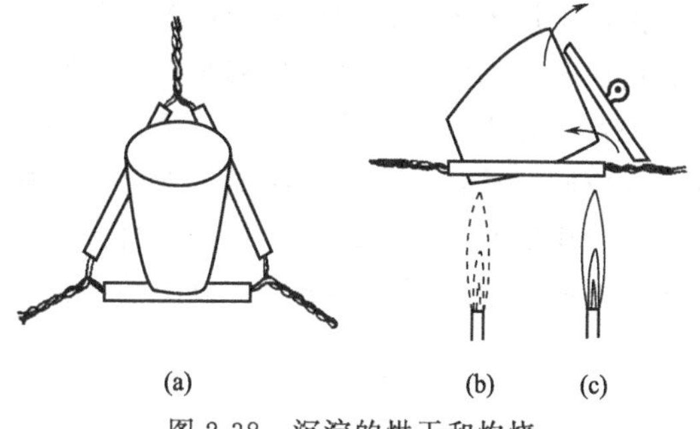

图 2-38　沉淀的烘干和灼烧

空坩埚第一次灼烧 30min 后，停止加热，稍冷却（红热退去，再冷 1min 左右），用热坩埚钳夹取放入干燥器内冷却 45～50min，然后称量（称量前 10min 应将干燥器放入天平室）。第二次灼烧 15min，冷却，称量（每次冷却时间相同），直至两次称量相差不超过 0.2mg，即为恒重，恒重的坩埚放在干燥器中备用。也可放入高温炉中灼烧至恒重。

2. 沉淀的包裹

晶型沉淀一般体积较小，可按图 2-39 所示，用清洁的玻璃棒将滤纸的三层部分挑起，再用洗净的手将带沉淀的滤纸取出，打开成半圆形，自右边半径的 1/3 处向左折叠，再从上边向下折，然后自右向左卷成小卷，最后将滤纸放入已恒重的坩埚中，包卷层数较多的一面应朝上，以便于炭化和灰化。对于胶状沉淀，由于体积较大，不宜用上述包裹方法，而应用玻璃棒将滤纸边挑起（三层边先挑），再向中间折叠（单层边先折叠），将沉淀全部盖住（见图 2-40），再用玻璃棒将滤纸转移到已恒重的瓷坩埚中（锥体的尖头朝上）。

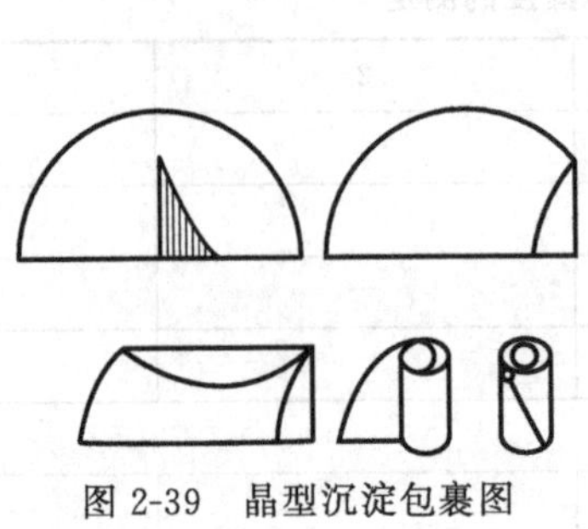

图 2-39 晶型沉淀包裹图

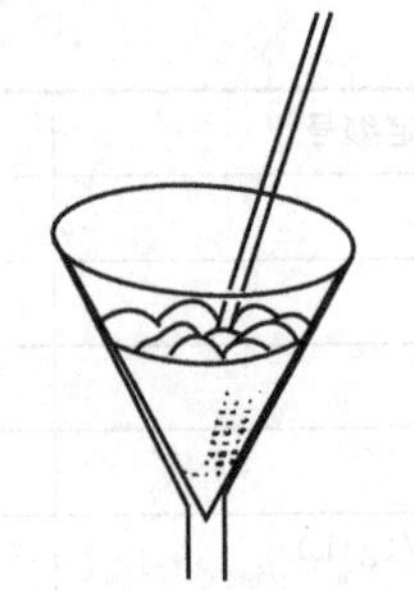

图 2-40 胶状沉淀包裹

3. 烘干、灼烧及恒重

将装有沉淀的坩埚放好，小心地用小火把滤纸和沉淀烘干直至滤纸全部炭化。炭化时如果着火，可用坩埚盖盖住并停止加热。滤纸炭化后，沉淀在与灼烧空坩埚相同的条件进行灼烧、冷却，直至恒重。

4. 干燥器的使用

干燥器是存放干燥物品防止吸湿的玻璃仪器。干燥器的下部盛有干燥剂（常用变色硅胶或无水氯化钙等），上放一个带孔的圆形瓷板以盛放容器。干燥器是磨口的，涂有一层很薄的凡士林，使盖子密封，以防止水汽进入。开启（或关闭）干燥器时，应用左手朝里（或朝外）按住干燥器下部，用右手握住盖上的圆顶朝外（或朝里）平推器盖（见图 2-41）。当放入热坩埚时，为防止空气受热膨胀把盖子顶起而滑落，应当用同样的操作两手抵着它，反复推、关盖子几次以放出热空气，直至盖子不再容易滑落为止。搬动干燥器时，不应只捧着下部，而应同时按住盖子，以防盖子滑落。使用时注意：干燥器应保持干燥，不得存放潮湿的物品；干燥器只在存放或取出物品时打开，物品取出或放入时，应立即盖上；放在底部的干燥剂，不能高于底部的 1/2 处，以防沾污存放的物品。干燥剂失效后，要及时更换。

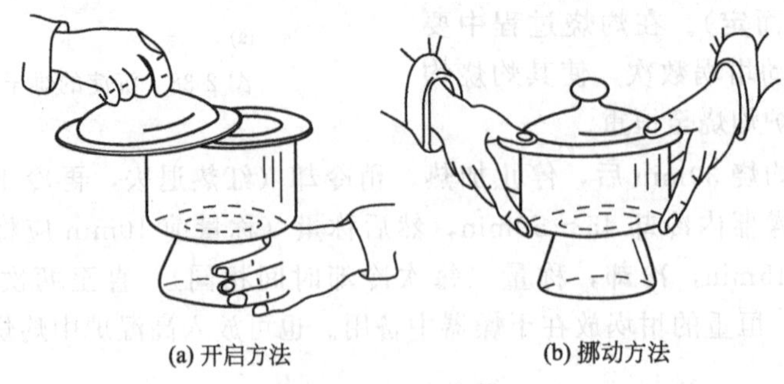

图 2-41 干燥器使用

5. 真空干燥

又名解析干燥，是一种将物料置于负压条件下，并适当通过加热达到负压状态下的沸点，或者通过降温使得物料凝固后通过熔点来干燥物料的干燥方式。

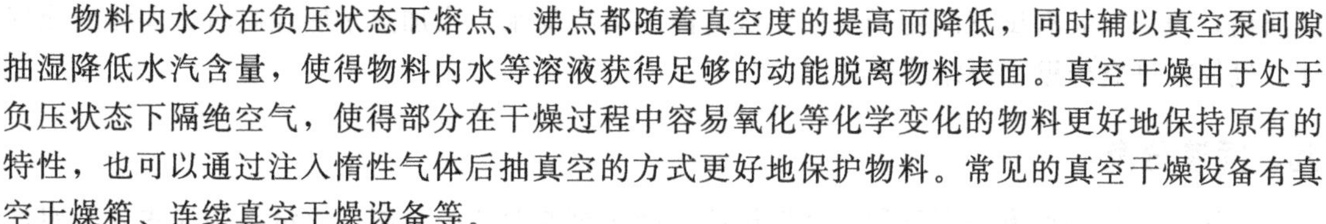

物料内水分在负压状态下熔点、沸点都随着真空度的提高而降低，同时辅以真空泵间隙抽湿降低水汽含量，使得物料内水等溶液获得足够的动能脱离物料表面。真空干燥由于处于负压状态下隔绝空气，使得部分在干燥过程中容易氧化等化学变化的物料更好地保持原有的特性，也可以通过注入惰性气体后抽真空的方式更好地保护物料。常见的真空干燥设备有真空干燥箱、连续真空干燥设备等。

6. 冷冻干燥

将含水物料冷冻到冰点以下，使水转变为冰，然后在较高真空下将冰转变为蒸汽而除去的干燥方法。物料可先在冷冻装置内冷冻，再进行干燥。但也可直接在干燥室内经迅速抽成真空而冷冻。升华生成的水蒸气借冷凝器除去。升华过程中所需的汽化热量，一般用热辐射供给。

八、结晶和重结晶

1. 蒸发浓缩

当溶液较稀且溶质的溶解度较大时，常采用浓缩。一般是在蒸发皿中进行，由于蒸发皿呈弧形，上口大底小，所以蒸发面积大，速度快。蒸发皿不但可用水浴、蒸汽浴加热，还可以直接火焰加热；选用时主要根据物质的热稳定性来决定。

蒸发时加入蒸发皿的溶液不宜超过其容积的 2/3，若用直接火焰加热尚需注意蒸发底部不能潮湿，否则易烧裂。当蒸发至近沸时，应不断搅拌，且应关小火焰或暂时移开火源，以防暴沸。

至于浓缩到什么程度需视溶质的溶解度大小与结晶要求而定。如物质的溶解度较大，可浓缩到表面出现晶膜时停止；如溶解度较小或高温溶解度大、室温溶解度小可浓缩一定程度，如吹气有晶膜出现或再稀一些即可，不一定要大晶膜出现时停止。如要求结晶小一些、快一些，可浓缩到浓一些，反之可稀一些。

2. 重结晶

重结晶是提纯固体物质的重要手段之一，特别是与易溶性物质分离的重要手段。将待提纯的物质溶于适当的溶剂中，除去杂质离子，滤去不溶物，蒸发浓缩，结晶，过滤，烘干或干燥。

在重结晶过程中，析出晶体的大小除了与在蒸发浓缩中讨论的因素有关外，尚与结晶条件有关。当溶液浓度不高，自然冷却或温水浴逐步冷却，投入一个晶种（即纯溶质的小晶体），静置，则析出晶体慢而大。当溶质的溶解度较大，溶液的浓度较高，冷却较快，且不断搅拌，摩擦器壁，则析出晶体快而小。

晶体的纯度与颗粒大小及均匀有关。颗粒较大且均匀的晶体，夹带母液较少，比表面积小，易于洗涤，纯度较高。晶体太小且大小不均匀时，易形成糊状物，夹带母液较多，比表面积大、不易洗涤，纯度较差。如果结晶很大，纯度高，但残存母液较多，产率低，损失大，除特殊需要外，一般结晶颗粒不宜太大。

残存母液可继续浓缩再结晶，但此时晶体由于易溶杂质浓度也增大，发生携带现象，纯度较差。

一般重结晶次数愈多，晶体的纯度愈高，但产率却愈低。

3. 升华

像固体碘之类的易升华物质，一般采用升华提纯。待提纯的易升华物质，放在一只平底烧瓶内，盖一只装有试管的塞子塞住，试管内装有冷却水，当加热平底烧瓶时，固体变成气体，气体在试管外壁上凝结成固体。

九、固液分离

溶液与沉淀分离方法有三种：常压过滤、减压过滤及离心分离。滤纸按用途主要有定性滤纸、定量滤纸和层析滤纸三类，按直径大小分为 11cm、9cm、7cm 等规格，按滤纸纤维孔隙大小分为快速、中速和慢速三种。一般的固液分离实验，选用定性滤纸。对于需要灼烧称量的沉淀，应使用定量滤纸（也称无灰滤纸）过滤，该种滤纸灼烧后其灰分质量在重量分析中可忽略不计（小于 0.1mg）。根据沉淀的性质选择滤纸的类型，如 $BaSO_4$、$CaC_2O_4 \cdot 2H_2O$ 等细晶型沉淀，应选用慢速滤纸过滤；$Fe_2O_3 \cdot nH_2O$ 等为胶体沉淀，应选用快速滤纸。根据沉淀量的多少选择滤纸的大小。总之，定量分析应尽可能选择定量滤纸，而化合物制备实验中一般选用定性滤纸。

1. 常压过滤

(1) 滤纸的折叠

滤纸的折叠如图 2-42 所示，将圆形滤纸对折两次成扇形，放在漏斗中量一下，若比漏斗大，用剪刀剪成比漏斗的圆锥体边缘低 2～5mm 的扇形。将滤纸一折撕去一角，打开扇形成圆锥体，一边为三层（包含撕角的两层），一边为单层，放入漏斗中（标准漏斗的角度为 60°，这样滤纸可完全紧贴漏斗内壁。如果略大于或小于 60°，则可将滤纸第二次折叠的角度放大或缩小即可），用手按住滤纸，以少量水润湿四周，赶出气泡，使滤纸与漏斗内壁紧贴。标准长颈漏斗的水柱是自然形成的，但一些不标准漏斗可用手指将颈的下口堵住，加入半漏斗水，然后用手轻压滤纸贴紧，赶走气泡，让水自然漏下，水柱就做成了。

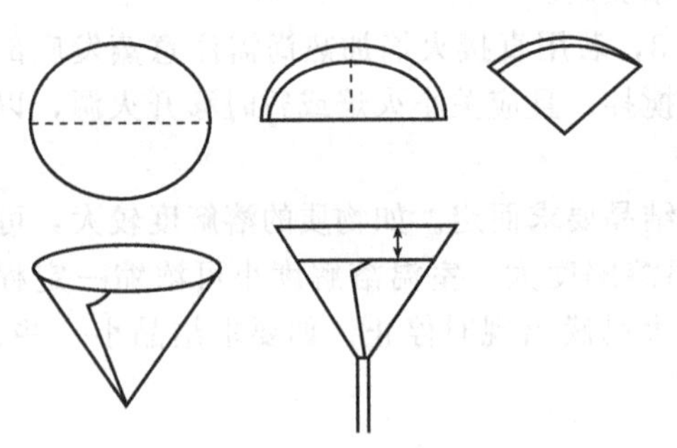

图 2-42 滤纸的折叠

(2) 过滤操作

过滤操作见图 2-43，将漏斗放在漏斗架上，承接滤液的容器与漏斗斜口最下端紧靠，左手拿玻璃棒轻轻地靠在三层滤纸一边，右手握持过滤液的容器，容器口紧靠玻璃棒，慢慢地向上倾斜，让待过滤液呈细流沿玻璃棒流下，当溶液已达滤液 3/4 高度暂停加入，待过滤完一部分，再重复加液操作。

若把溶液暂放于桌上时，需这样操作：容器口紧靠玻璃棒，一起脱离滤纸，然后将玻璃棒沿容器口向上提（不能脱开），直至提进容器内，这样就不会损失一滴待过滤液。待滤液滤完时，用洗瓶吹出少量水洗容器和玻璃棒数次，倒入漏斗中过滤，滤完后，用水洗沉淀数次。

(3) 倾析法过滤操作

为了加快过滤速度，一般总是先让待滤液静置一段时间，让待滤溶液沉淀尽量沉降，然后先将上层清液先过滤，待清液滤完再倒入沉淀过滤，这种过滤法称倾析过滤法。倾析过滤法的优点是前期避免沉淀堵塞滤纸的小孔而减慢过滤速度。对于无定形沉淀（即较小的沉淀）又不要滤液时，经常采用倾析法洗涤沉淀，可使沉淀洗涤得较为干净且快一些。

(a) 玻璃棒垂直紧靠烧杯嘴，下端对着滤纸三层的一边，但不能碰到滤纸

(b) 慢慢扶正烧杯，但杯嘴仍与玻璃棒贴紧，接住最后一滴溶液

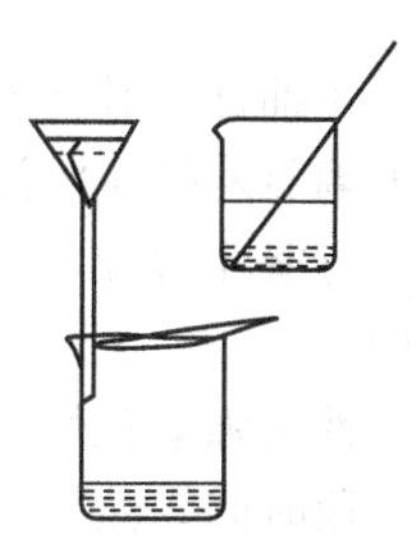
(c) 玻璃棒远离烧杯嘴搁置

图 2-43　过滤操作

2. 减压过滤（又称抽滤）

减压过滤是利用压力差来加快过滤速度，还可以把沉淀抽吸得比较干燥。但是不适用于胶态沉淀和颗粒很细的沉淀过滤；因为胶态沉淀在抽滤时会透过滤纸，细小沉淀会在滤纸上形成一层密实的沉淀，而减慢过滤速度，所以这两种沉淀都不能用抽滤。

（1）减压过滤装置

减压过滤装置见图 2-44。

水泵：减压用。直通尖嘴口的接口为进水口（一般制成短管接口），无尖嘴口的为出水口（一般制成长管），侧管为连接安全瓶或吸滤瓶（目前大多采用循环水泵减压过滤）。

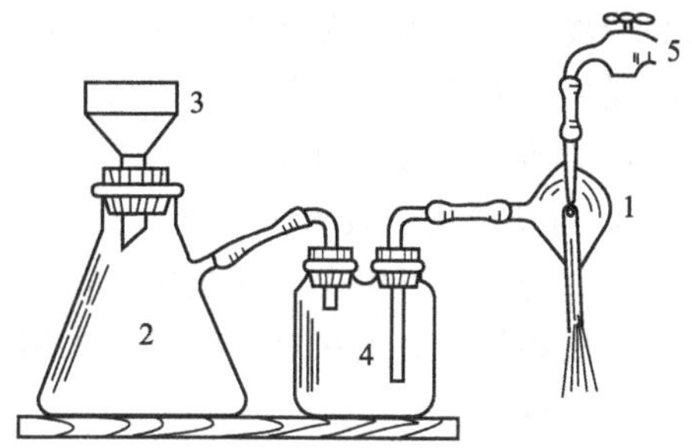

图 2-44　减压过滤装置

1—水泵；2—吸滤瓶；3—布氏漏斗；4—安全瓶；5—自来水龙头

吸滤瓶：用来承接滤液，并有支管与抽气系统相连。

布氏漏斗：上面有很多瓷孔，下端颈部装有橡皮塞，用以与吸滤瓶相连。

安全瓶：当水的流量突然加大或又变小时或在滤完后不慎先关闭水阀时，由于吸滤瓶内压力低于外界压力而使自来水倒吸入吸滤瓶，沾污滤液，此现象称为反吸现象。安全瓶的作用就在隔断吸滤瓶与水泵的直接联系，即使倒吸也不会沾污滤液。若不要滤液时也可不接安全瓶。

（2）减压过滤的操作

按图 2-44 所示接好装置。注意两点：一是安全瓶的长管接水泵，短管接吸滤瓶；二是布氏漏斗颈口的斜面对着吸滤瓶的支管，以防滤液被支管抽出。

将滤纸剪得比布氏漏斗略小一些，能盖住瓷板上的小孔为好。用少量蒸馏水润湿滤纸，再开启水泵，使滤纸紧贴瓷板上，此时才能开始过滤。

用倾析法过滤时，先将清液沿玻璃棒倒入漏斗，滤完后再将沉淀移入滤纸中间部分抽滤。当滤液面接近于吸滤瓶支管的水平时，应拔去吸滤瓶上橡皮管，取下漏斗，将滤液从吸滤瓶的上口倒出，安上漏斗，接好橡皮管，然后继续抽滤。在抽滤过程中，不得突然关闭水泵。如欲取出滤液或停止抽滤，应先拔去吸滤瓶支管上皮管，然后再关闭水泵，否则水将倒灌进安全瓶。

洗涤沉淀时，应停止抽滤，让少量洗涤液缓慢通过沉淀，然后抽滤。为了尽量抽干沉淀，最后可用平底的玻璃瓶塞挤压沉淀。滤干后，停止抽滤，将漏斗取下，颈口向上倒置，用塑料棒或木棒轻轻敲打漏斗边缘，或在颈口用洗耳球吹，可使沉淀脱离漏斗，落入预先准备好的滤纸上或容器中。

如抽滤酸性、强碱性或强氧化性溶液时，可用石棉纤维代替滤纸，具体操作如下：先将石棉纤维在水中浸泡一段时间，然后将石棉纤维搅匀，倒入布氏漏斗中，减压过滤，使石棉紧贴在瓷板上形成一层均匀的石棉层，若有小孔应补加石棉纤维，直至没有小孔为止。注意，石棉不要太厚，否则过滤速度太慢。由于用石棉层过滤，沉淀与石棉纤维混杂在一起，所以这种方法只适于不要沉淀的过滤。

若要过滤强酸性或强碱性的溶液，可用砂芯漏斗（玻纤砂漏斗）。它是在漏斗下部熔接一片微孔烧结玻璃片作底部取代滤纸。微孔烧结玻璃片（又称砂芯）的空隙规格为 1 号、2 号、3 号、4 号、5 号、6 号，1 号最大，6 号最小，可根据需要选择。过滤操作与减压过滤相同。使用时注意几点：沉淀必须能用酸或氧化还原剂在常温下溶解，且不产生新的沉淀，否则会堵塞烧结玻璃片的微孔；不宜过滤碱性溶液，因为碱会与玻璃作用堵塞微孔；过滤结束，必须将沉淀处理掉，洗干净才能存放；1 号（G2）和 2 号（G2）相当于快速滤纸，3 号（G3）和 4 号（G4）相当于中速滤纸，5（G5）号和 6（G6）号相当于慢速滤纸。

3. 离心分离

当少量溶液与沉淀分离时，用滤纸过滤常发生沉淀粘在滤纸上，难以取下，一般就采用离心分离法来取代，克服以上困难。离心分离法的原理是将悬浊液置于离心机中高速旋转，沉淀受离心力的作用，向圆周切线方向移动，聚集于离心管尖端，使溶液与沉淀分离。实验室常用的离心机为电动离心机（见图 2-45）。电动离心机的使用如下：

① 将待分离液装入离心管，打开离心机盖，检查塑料管（或金属管）底部是否填衬有橡胶块，若没有可用少许棉花代替，但对称位置必须也用棉花代替橡胶块。插入离心管，若是单个离心管，必须在对称位置插入用水代替分离液的离心管，以保持离心机旋转时平衡，盖上离心机盖。

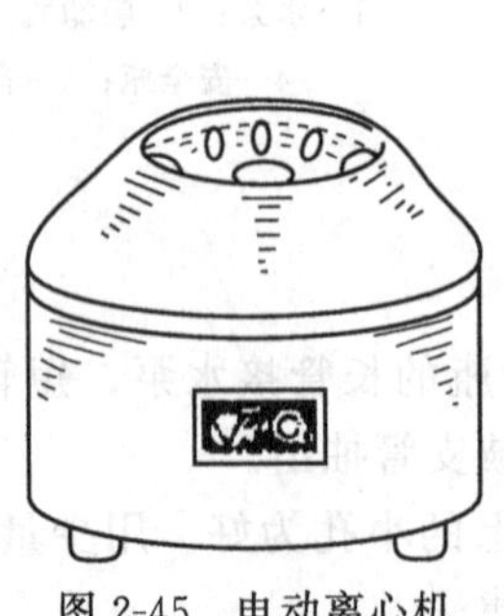
图 2-45 电动离心机

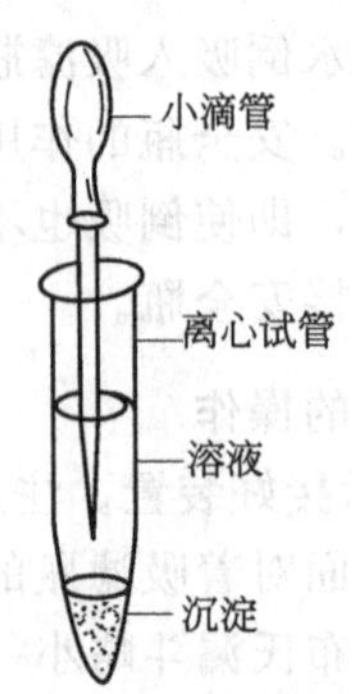

图 2-46 溶液与沉淀分离

② 启动时，逐挡慢慢地加速，决不允许一下开到高速。结晶型和致密沉淀，约在每分钟 1000 转经 1～2min 即可；无定形和疏松沉淀，约在每分钟 2000 转经 3～4min 即可；若仍不能分离，可加热或加入适当的电解质使其加速凝聚，然后再分离。

③ 停止时，也应由高速逐挡慢慢地降速至停止，且让其自然停转，切不可用外力强制它停止旋转，这样会损坏离心机。

④ 取出离心管，用左手持离心管，右手拿毛细吸管由上而下慢慢地吸出清液（见图 2-46），当毛细吸管接近沉淀时，要细心、缓慢地吸，以防吸入沉淀。一般在沉淀表面总保留一些溶液，可加入适当蒸馏水或合适的电解质洗涤液搅匀再离心分离；如此重复操作 2～3 次，一般就可洗净沉淀表面的溶液。

实验5　食盐的提纯

一、实验目的

（1）巩固减压过滤、蒸发浓缩等基本操作。

（2）了解沉淀溶解平衡原理的应用。

（3）学习在分离提纯物质过程中，定性检验某种物质是否已除去的方法。

二、实验原理

氯化钠试剂或氯碱工业用的食盐水都是以粗盐为原料进行提纯的。粗盐中除了含有泥沙等不溶性杂质外，还含有 K^+、Ca^{2+}、Mg^{2+} 和 SO_4^{2-} 等可溶性杂质。不溶性杂质可用过滤法除去，可溶性杂质中的 Ca^{2+}、Mg^{2+}、SO_4^{2-} 则通过加入 $BaCl_2$、NaOH 和 Na_2CO_3 溶液，生成难溶的硫酸盐、碳酸盐或碱式碳酸盐沉淀而除去；也可加入 $BaCO_3$ 固体和 NaOH 溶液进行如下反应除去：

$$BaCO_3 \longrightarrow Ba^{2+} + CO_3^{2-} \qquad Ba^{2+} + SO_4^{2-} \longrightarrow BaSO_4\downarrow$$

$$Ca^{2+} + CO_3^{2-} \longrightarrow CaCO_3\downarrow \qquad Mg^{2+} + 2OH^- \longrightarrow Mg(OH)_2\downarrow$$

三、主要仪器与试剂

1. 仪器

托盘天平，温度计。

2. 试剂

HCl（6mol/L），NaOH（2mol/L），$BaCl_2$（1mol/L），$(NH_4)_2C_2O_4$（饱和），食盐，$BaCO_3(s)$，NaOH（2mol/L）和 Na_2CO_3（饱和）混合溶液（50%，体积分数），镁试剂。

四、实验步骤

安全预防：氯化钡具有毒性，避免直接接触。

1. 粗盐溶解

称取 20.0g 粗盐于烧杯中，加入约 70mL 水，加热搅拌使其溶解。

2. 去除 Ca^{2+}、Mg^{2+} 和 SO_4^{2-}

（1）$BaCl_2$-NaOH，Na_2CO_3 法

去除 SO_4^{2-}：加热溶液至沸，边搅拌边滴加 1mol/L $BaCl_2$ 溶液至 SO_4^{2-} 除尽为止。继续加热煮沸数分钟，过滤。

去除 Ca^{2+}、Mg^{2+} 和过量的 Ba^{2+}：将滤液加热至沸，边搅拌边滴加 $NaOH\text{-}Na_2CO_3$ 混合液至溶液的 pH 值约等于 11。取清液检验 Ba^{2+} 除尽后，继续加热煮沸数分钟，过滤。

去除剩余的 CO_3^{2-}：加热搅拌溶液，滴加 6mol/L HCl 至溶液的 pH＝2～3。

(2) $BaCO_3$-NaOH 法

去除 Ca^{2+} 和 SO_4^{2-}：在粗食盐水溶液中，加入约 1.0g $BaCO_3$（比 SO_4^{2-} 和 Ca^{2+} 的含量约过量 10%，质量分数）。在 363K 左右搅拌溶液 20～30min。取清液，用饱和 $(NH_4)_2C_2O_4$ 检验 Ca^{2+}，如尚未除尽，需继续加入搅拌溶液，至除尽为止。

去除 Mg^{2+}：用 6mol/L NaOH 调节上述溶液至 pH 值为 11 左右。取清液，分别加入 2～3 滴 6mol/L NaOH 和镁试剂，证实 Mg^{2+} 除尽后，再加热数分钟，过滤。

溶液的中和：用 6mol/L HCl 调节溶液的 pH＝5～6。

3. 蒸发、结晶

加热蒸发浓缩上述溶液，并不断搅拌至黏稠状。趁热抽干后转入蒸发皿内，用小火烘干。冷却至室温，称量，计算产率。

4. 产品质量检验

取粗盐和产品各 1g 左右，分别溶于约 5mL 蒸馏水中。定性检验溶液中是否有 SO_4^{2-}、Ca^{2+} 和 Mg^{2+} 的存在，比较实验结果。

五、思考题

(1) 能否用重结晶的方法提纯氯化钠?

(2) 能否用氯化钙代替毒性大的氯化钡来除去食盐中的 SO_4^{2-}？

(3) 使用沉淀溶解平衡原理，说明碳酸钡除去实验中的 Ca^{2+} 和 SO_4^{2-} 的根据和条件。

(4) 在实验中，如果以 $Mg(OH)_2$ 沉淀形式除去粗盐溶液中的 Mg^{2+}，则溶液的 pH 值应为何值?

(5) 在提纯粗盐溶液过程中，K^+ 将在哪一步除去?

十、蒸馏和回流

蒸馏是分离、提纯液体有机化合物的最重要、最常用方法之一。蒸馏法是利用液体混合物中各组分的挥发度的差异来分离各组分。蒸馏法分为常压蒸馏、减压蒸馏、水蒸气蒸馏和分馏。

1. 常压蒸馏

常压蒸馏是在常压下加热液体至沸腾使之汽化，再经蒸气冷凝成液体，将冷凝液收集下来的操作过程。

在通常情况下，纯的液态物质在大气压力下有一定的沸点。如果在蒸馏过程中，沸点发生变动，那就说明物质不纯。因此可借蒸馏的方法来测定物质的沸点和定性地检验物质的纯度。某些有机化合物往往能和其他组分形成二元或三元恒沸混合物，它们也有一定的沸点。因此，不能认为沸点一定的物质都是纯物质。一般情况下，当两种液体的沸点差大于 30℃ 时，就可以利用普通蒸馏法进行分离。当混合溶液中各组分的沸点相差较小时，若要分离混合物中的各组分，必须采用其他蒸馏方法。常压蒸馏主要用于沸点在 40～150℃之间化合物的分离。温度高于 150℃时，多数化合物会分解或由于温度高而操作不方便。

蒸馏装置：常压蒸馏装置主要包括蒸馏烧瓶、冷凝管和接受器等，见图 2-47。

蒸馏的原料液体的体积应占蒸馏烧瓶容量的1/3～2/3。如果装入的液体量过多，当加热到沸腾时，液体可能冲出，或者液体飞沫被蒸气带出。安装应先从热源开始，先下后上，从左到右。然后沿馏出液流向逐一装好。根据热源的高低，把蒸馏烧瓶用铁夹固定在铁架上，装上蒸馏头。把配有温度计的塞子塞入瓶口，温度计的插入深度应使水银球的上端与蒸馏烧瓶支管口的下端在同一水平线上，以保证水银球能完全为蒸气所包围，准确反映出馏出液的沸点。以后再装其他仪器时，不宜再调整蒸馏瓶的位置。根据蒸馏瓶的沸点的高低，选用长度合适的冷凝管，用铁夹固定在另一铁架台上，铁夹应夹在冷凝管的中上部分，调整铁架台与铁夹的位置，使冷凝管的中心线和蒸馏头支管的中心线成一直线。移动冷凝管，把蒸馏头的支管和冷凝管严密地连接起来。各铁夹不能过紧和过松，以夹住后稍用力尚能转动为宜。然后接上接引管和接受容器，接受容器下面需用木块等物垫牢，不可悬空。整套装置的重心必须在同一垂直平面内。在常压蒸馏装置中，接引管后面必须有与大气相通之处，不能装成密闭体系，否则加热时会因气体体积的膨胀而爆炸。若馏出液易吸水，接受器上还要装上干燥管，以防止湿气的侵入。如果馏出液易挥发、易燃或者有毒，则可在接受器上连接一长橡皮管，通入水槽的下水内或引出室外。

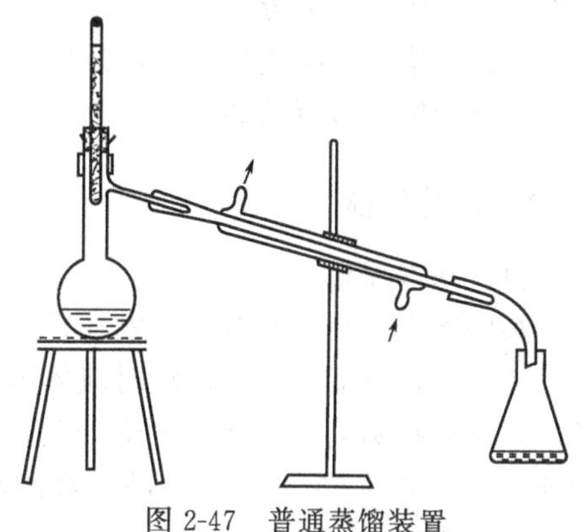

图 2-47　普通蒸馏装置

蒸气在冷凝管中冷凝成为液体。液体的沸点高于 140℃时用空气冷凝管，低于 140℃时用直形冷凝管，使用直形冷凝管时用冷水冷却。直形冷凝管下端侧管为进水管，套上橡皮管接自来水龙头，上端侧管为出水管，套上橡皮管导入水槽中。上端侧管出水口应向上，才能保证套管内充满冷却水。蒸气自上而下，冷却水自下而上，两者逆流以提高冷却效果。

装配蒸馏装置时应注意以下几点：

① 玻璃仪器磨口要配套，内外磨口要紧密相连，装配严密，绝不可勉强凑合；

② 不允许铁器和玻璃仪器直接接触，以免夹破仪器；

③ 常压下的蒸馏装置必须与大气相通；

④ 在开始安装或中途更换仪器，以及实验完毕后拆下装置时，都只允许铁支架上一个螺旋松动，否则难以应付，容易损坏仪器；

⑤ 未装好仪器前，冷凝管内不要通水，因为通水后自重增大，操作不便；同样拆下仪器时也要先放出冷凝管的水再拆下；

⑥ 在同一实验桌上安装几套蒸馏装置，且相互之间的距离较近时，每两套装置的相对位置必须是蒸馏烧瓶对蒸馏烧瓶，或是接受器对接受器，避免一套仪器装置的蒸馏烧瓶与另一套装置的接受器靠近，因为这样有着火的危险。

把要蒸馏的液体经长颈漏斗加至蒸馏烧瓶中，加入 2～3 粒沸石，注意使各个连接处紧密不漏气，接通冷却水。

然后将蒸馏烧瓶加热，最初宜用小火（以免烧瓶因局部骤热而破裂），以后慢慢增大火力，使液体沸腾，并调节火焰，使蒸馏速度以每秒钟自接液管滴下 1～2 滴馏出液为宜。记下第 1 滴馏出液落下接受器时的温度，当温度计读数稳定时（此恒定温度为沸点），另换经称量的接受器收集。继续加热蒸馏，如果维持原来的加热温度，不再有馏出液蒸出，温度突然下降时就要停止蒸馏。记下接受器内馏分温度范围和质量。若收集馏分的范围已有规定，则按规定范围收集馏分。

蒸馏完毕，先停止加热，然后停止通水。拆卸仪器的程序与装配时相反，即依次取下接受器、接液管、冷凝器和蒸馏烧瓶。

2. 减压蒸馏

(1) 基本原理

某些沸点较高的有机化合物在常压蒸馏时，未达到其沸点就受热分解了，因此必须在较低温度下进行蒸馏。由于低温时液体蒸气压较低，因此只有降低外界压力，使液体的沸点降低，才可进行蒸馏。通常压力降低到 1.5～3kPa 时，许多有机化合物的沸点比其在常压下的沸点可降低约 80～100℃。减压蒸馏对于分离或提纯沸点较高的有机化合物有重要意义。

(2) 仪器装置

减压蒸馏装置示意见图 2-48。仪器装置包括蒸馏部分、吸收装置、减压泵（抽气泵）、水银压力计等。

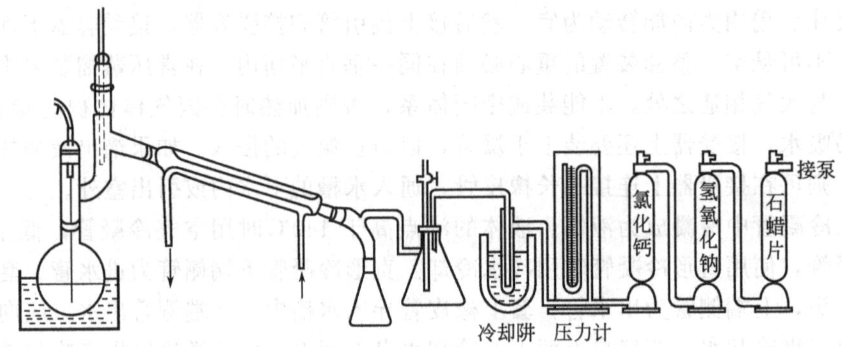

图 2-48 减压蒸馏装置示意

蒸馏部分有圆底烧瓶、克氏蒸馏头、蒸馏头、温度计套管、温度计、可调节毛细管、冷凝器（视液体沸点不同，选用水冷或空气冷凝器）、真空接引管、接受器。当收集两个以上馏分时，可用多叉收集器（见图 2-49）。

图 2-49 多叉收集器

为了蒸馏过程能平稳地进行，避免由于液体局部过热而引起的暴沸现象，在减压蒸馏瓶中插一根末端拉成直径 1mm 以下毛细管的玻璃管，毛细管末端距瓶底约 1～2mm。玻璃管通过橡皮塞与温度计套管连接，玻璃管上端套一段橡皮管，用螺旋夹调节进入瓶底的空气里，使空气以小气泡形式从毛细管口一个个连续地产生。如引入大量空气，系统内压力上升，就达不到减压蒸馏的目的。

吸收装置的作用是吸收对真空泵有害的各种气体或蒸气，达到保护减压设备的目的。一般包括安全瓶、冷却阱和干燥塔。安全瓶一般用厚壁耐压的吸滤瓶，位于真空接引管与干燥塔之间，其旋塞用于调节系统压力及蒸馏结束时放气。冷却阱用来冷凝一些水蒸气或其他挥发性物质，冷却阱外用冰盐混合物冷却（需要更低温度时，尤其是当溶剂等低沸点物质很难在前处理过程中处理干净时，可用于冰或液氮冷却）。干燥塔用两个，一个装固体氢氧化钾（或氢氧化钠），用来吸收酸性气体，一个装无水氯化钙（或分子筛、活性炭），用来吸收尚未除净的水汽或其他残余蒸气。

按图 2-48 所示安装减压蒸馏装置，首先检查系统能否达到所需的真空度，方法是先关闭安全瓶上的活塞及旋紧毛细管上端的螺旋夹，然后用泵抽气，观察能否达到要求的压力（如果仪器装置紧密不漏气，系统内的真空情况应保持良好），然后慢慢旋开安全瓶上的活塞，放入空气，直到内外压力相等为止，关闭抽气泵。

加入需要蒸馏的液体，不能超过圆底烧瓶容积的 1/2。关闭安全瓶上的活塞，开动抽气泵。调节毛细管导入空气量，以能冒出一连串小气泡为宜。

当达到所要求的压力，并待压力稳定后，便开始加热，可用油浴、电热套等热浴加热，使温度慢慢上升，热浴温度一般要比被蒸馏的液体沸点高出 20℃左右。液体沸腾时，应调节热浴温度，使蒸馏速度以每秒 0.5～1 滴为宜，不宜太快。待达到所需沸点时，移开热源，旋转多叉接引管，更换接受器，继续蒸馏，收集所需馏分。记录开始馏出和停止加热时温度计、压力计的读数，即为产品的沸点范围。

当蒸馏快结束时残液剩 1mL 左右，停止加热，将热源移去。待圆底烧瓶的温度明显下降时，慢慢旋开毛细管的螺旋夹，再打开安全瓶上的活塞使空气慢慢通入（千万不能太快，易损坏水银压力计）。当仪器内外压力相等时才可以关泵停止抽气，以免抽气泵的油反吸入干燥塔，冷却后拆除仪器。

(3) 注意事项

① 如含有低沸点溶剂时，应先进行常压蒸馏，将溶剂除去。

② 被蒸液体应严格进行干燥。液体带水，减压蒸馏时产生大量泡沫，常造成液体冲出或产品含水。

③ 为了避免暴沸，被蒸液体不能超过圆底烧瓶容量的 1/2。毛细管的粗细和进气量的调节一定要严格控制，热浴温度不能过高。

④ 蒸馏高凝点化合物时，要注意通路是否被堵住。如空气冷凝器中有固体产品，可用吹风机微热，以免通路被堵发生爆炸；为防止爆炸伤人，应戴防护眼镜；减压蒸馏时不得离开岗位。

3. 水蒸气蒸馏

当液体之间不混溶时，它们也可以进行蒸馏，但由不混溶液体组成的混合物将在比它的任一单独组分（作为纯化合物时）的沸点都要低的温度下沸腾。用水蒸气充当这种不混溶相之一所进行的蒸馏操作叫做水蒸气蒸馏。该种蒸馏方法所需要的物料可以在低于 100℃的温度下蒸出，一旦馏出液冷却后，所要的组分即从水中分层析出（因为它与水不能混溶）。

水蒸气蒸馏装置由水蒸气发生器和简易蒸馏装置两部分组成，如图 2-50 所示。图中 (a) 装置由圆底烧瓶和克氏蒸馏头组合，不能使用普通蒸馏头，否则会由于液体跳动而从导管冲出。图中 (b) 装置由水蒸气发生器和简单蒸馏装置组合。

水蒸气发生器是由金属（铜或铁板）制成的［见图 2-51(a)］，也可用圆底烧瓶代替。在金属水蒸气发生器的侧面有一个水位计，水位最高不超过 2/3，以免水沸腾时冲进烧瓶（最好加入一些沸石），最低不低于 1/3。瓶口插入一根内径 5mm 的玻璃管作安全管，插入到距发生器底部 1～2cm 处。其作用是调节体系内部的压力并防止系统堵塞时发生危险。水蒸气的出口通过三通管与蒸馏部分的三口烧瓶上的蒸气导入管相连接，这段管应尽可能短，以减少水蒸气冷凝，影响蒸馏效果。

在三通管的下支管套有一段软的短橡皮管，用螺旋夹夹住，用以调节水蒸气量。

图 2-51(b) 为简单、常用的水蒸气发生器，是由蒸馏瓶（500mL）组装而成。

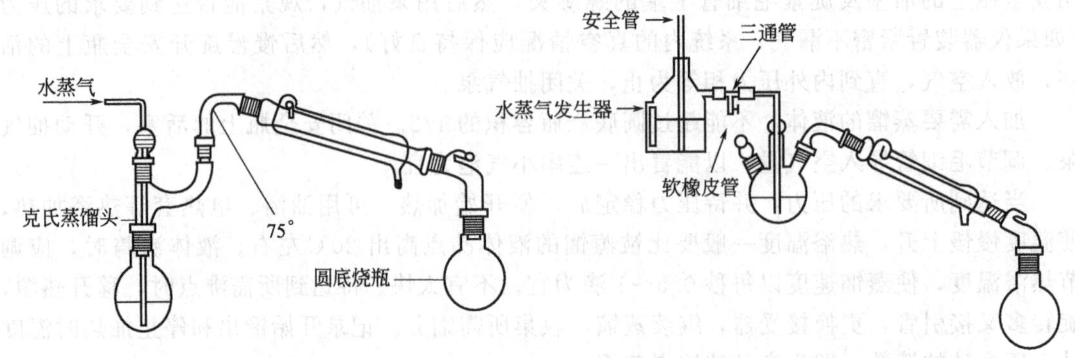

(a) 圆底烧瓶和克氏蒸馏头组合　　(b) 水蒸气发生器和简单蒸馏装置组合

图 2-50　水蒸气蒸馏装置

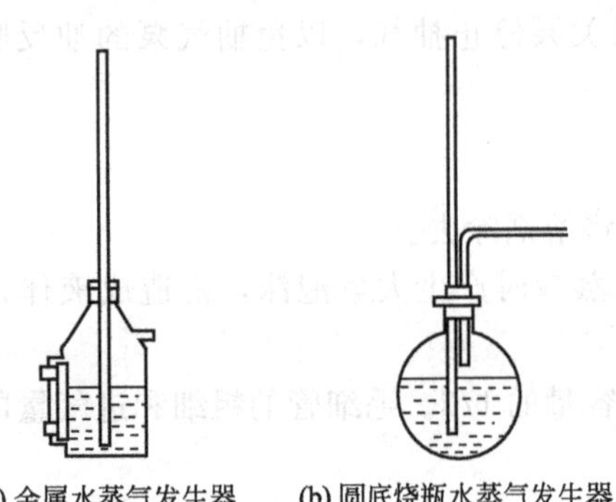

(a) 金属水蒸气发生器　　(b) 圆底烧瓶水蒸气发生器

图 2-51　水蒸气发生器

将蒸馏物倒入三口烧瓶（或圆底烧瓶）中，液体加入量不得超过蒸馏瓶的 1/3。检查各个接口是否严密，打开三通管的螺旋夹。

加热水蒸气发生器至水沸腾，当蒸汽从三通管下面冲出时，用螺旋夹夹紧三通管的橡皮管，让蒸汽进入蒸馏瓶中，调节进气量，保证蒸气在冷凝管全部冷凝下来。此时，烧瓶内的混合物翻动激烈、不久会有有机物和水的混合物馏出。

在水蒸气进入蒸馏瓶过程中，由于部分水蒸气的冷凝而使蒸馏瓶中的液体增加时，可用小火温和地加热蒸馏瓶。同时，还应随时从三通管中放出冷凝水，以防水堵塞三通管。当馏出物的熔点较高，易析出固体时，应将冷凝水流量调小，也可暂时关掉冷凝水，待固体熔化后，再通入冷凝水。必要时，可用电吹风加热冷凝管，使冷凝的固体熔化。

控制冷凝的乳浊液的流出速度，一般控制在每秒 2～3 滴，可通过调节冷凝水流量或通过调节加热水蒸气发生器的火焰控制流出速度。

在蒸馏过程中，若水蒸气发生器的安全管内出现蒸汽突然上升而喷出，说明系统内压升高，可能发生了堵塞，应立即打开螺旋夹，移走热源，停止蒸馏，待排除故障后再继续蒸馏。另一种情况是蒸馏瓶内的压力大于水蒸气发生器内的压力时，会发生液体倒吸现象，此时，应打开螺旋夹。

蒸馏要到流出液体不再浑浊、看不出有油珠状的有机物为止。

停止加热时，应首先打外三通管的螺旋夹，再移走热源，以避免蒸馏瓶中的液体倒吸而进入水蒸气发生器中。

4. 分馏

当多组分混合液蒸馏后得到的蒸馏液，可能为两种组分的混合物，要想获得其中一种组分的纯物质，就必须多次重复这种操作（气化、冷凝和再气化），才能逐渐地将其分离出来。显然，这种重复的再蒸馏是一种费时、费力的操作。

分馏柱是用来提高蒸馏操作效率的。分馏柱是由一支垂直的管子和填充物所组成的。当热的蒸馏混合液蒸气上升通过分馏柱时，由于受柱外空气的冷却，挥发性较低的成分易冷凝为液体流回蒸馏瓶内，在流回途中与上升的热蒸气相互接触进行热交换，使液体中易挥发组分又受热气化再上升一次，难挥发组分仍被冷凝下来。如此在分馏柱内反复进行，从而使低沸点成分不断被蒸出来。

实验室中简单的分馏装置包括热源、圆底烧瓶、分馏柱、冷凝管和接受器5部分，如图2-52所示。在分馏柱顶插一支温度计，温度计水银球上缘恰与分馏柱的支管接口下沿相平。分馏柱的装配原则与蒸馏装置相同。在装配及操作时，更应注意勿使分馏柱的支管折断。

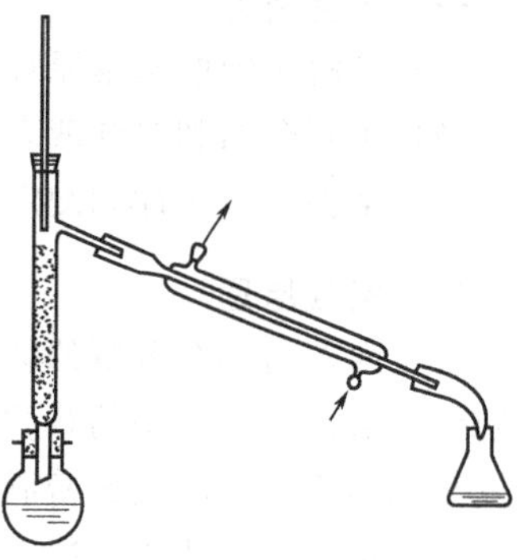

图2-52　分馏装置

把待分馏的液体倒入烧瓶中，其体积以不超过烧瓶容量的1/2为宜。加入几粒沸石，安装好的分馏装置经检查合格后，便可开始加热，随后的分馏操作与普通蒸馏操作相同，但分馏速度应慢些，控制馏出液速度为2～3滴/s为宜。

回流：有机化学实验中，有些反应在室温下反应速率很慢，通常需要加热以加快反应的进行，一般是使反应物在保持沸腾的状态下进行反应。为了不使反应物或溶剂的蒸气逸出，需采用回流装置，使蒸气不断地冷凝而返回反应器中。图2-53是几种常见的回流装置：（a）是防潮加热回流装置；（b）是带有吸收反应中生成气体的回流装置；（c）是滴加回流装置；（d）是回流分水装置；（e）是两种物质回流时可以同时滴加液体并搅拌的装置。

回流加热前应先放入沸石，回流的速率应控制在液体蒸气浸润不超过两个球为宜。回流时应注意：

① 回流操作中应加有沸石，以防溶液因过热引起暴沸而冲出瓶外。若在加热后发现未加沸石，绝不能立即揭开瓶塞补加沸石，应先停止加热，待被蒸馏的液体稍冷后再加。否则在过热溶液中放入沸石会导致液体迅速沸腾，冲出瓶外而引起火灾。冷凝水要保持通畅，如果冷凝水忘记通水，大量蒸气会来不及冷凝而逸出，造成物质损失或酿成火灾。

② 瓶内液体量不能超过瓶容积的2/3。

③ 加热速度宜慢，不能快，避免局部过热引起爆炸。

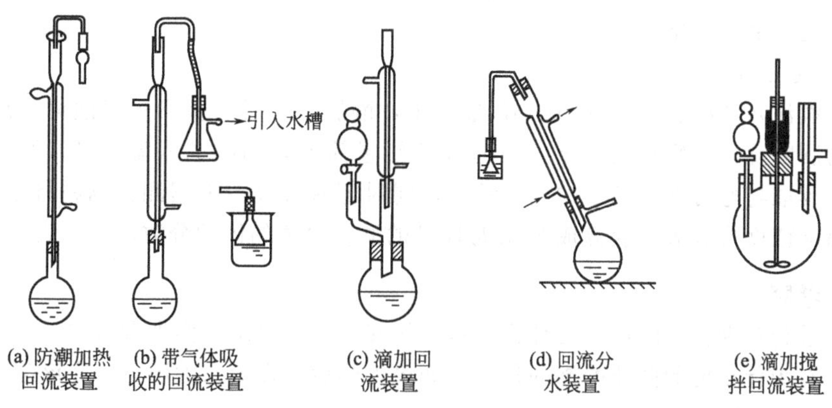

图2-53　各种常用回流装置

实验6 简单蒸馏及白酒酒精度的测定

一、实验目的

(1) 了解蒸馏的基本原理。

(2) 了解分离和提纯液态有机物的方法及其分离效率。

(3) 掌握简单蒸馏和测定白酒酒精度的操作技术。

二、实验原理

凡在沸点时不会分解的物质都可以在常压下蒸馏，液体受热变成蒸气，再使蒸气冷却凝成液体，从而除去其中的杂质。白酒经过直接加热蒸馏去除样品中的不挥发物，馏出物用水恢复至原体积，然后用精密酒精计测定其乙醇浓度，经查酒精计温度浓度换算表，即可得出试样中酒精含量的体积分数。

三、主要仪器与试剂

1. 仪器

全玻璃蒸馏器（500mL），容量瓶（100mL），量筒（100mL），恒温水浴，精密酒精计，温度计。

2. 试剂

白酒。

四、实验步骤

安全预防：乙醇易燃，避免明火。

1. 酒精的蒸馏

用一洁净、干燥的100mL容量瓶准确量取100mL酒样于500mL蒸馏瓶中，用50mL水分三次冲洗容量瓶，洗液并入蒸馏瓶中，再加数粒玻璃珠，连接冷凝器，以取样用的原容量瓶作接受器（外加冰浴）。开启冷却水，缓慢加热蒸馏（沸腾后蒸馏时间应控制在30～40min内完成）。收集馏出液，当接近刻度，取下容量瓶，盖塞。于水浴中保温30min，再补加水至刻度，混匀，备用。

2. 酒精度的测定

将试样液注入洁净、干燥的100mL量筒中，静置数分钟，待酒中气泡消失后，放入洁净、擦干的酒精计，再轻轻按一下，不应该接触量筒壁，同时插入温度计，平衡约5min，水平观测，读取与弯月面相切处的刻度示值，同时记录温度，根据测得酒精计示值和温度，查酒精计温度浓度换算表，换算成20℃时样品的酒精含量的体积分数，以%表示。

五、思考题

(1) 在进行蒸馏操作时应注意什么问题（从安全和效果两方面来考虑）？

(2) 沸石为什么能起防止暴沸的作用？如果加热后才发觉未加沸石，应该怎样处理？为什么？

(3) 在用精密酒精计测量酒精度时应注意什么？

十一、升华

某些物质在固态时就具有相当高的蒸气压，当加热时，固体物质不经熔融就直接转变为蒸气（即不经过液态而直接汽化），该蒸气受到冷却又直接冷凝成固体，这个过程称为升华。利用升华不仅可以分离具有不同挥发度的固体混合物，而且还能除去难挥发的杂质。升华是纯化固体有机物的一种方法，一般由升华提纯得到的固体有机物纯度都较高。但是，由于该操作较费时，而且损失也较大，因而升华操作通常只限于实验室少量物质的精制。

1. 常压升华

将待升华物质研细后置放在蒸发皿中，然后用一张扎有许多小孔的滤纸覆盖在蒸发皿口上，并用一玻璃漏斗倒置在滤纸上面，在漏斗的颈部塞上一团疏松的棉花［见图 2-54(a)］。用小火隔着石棉网慢慢加热，使蒸发皿内的物质慢慢升华，蒸气透过滤纸小孔上升，凝结在玻璃漏斗的壁上，滤纸面上也会结晶出一部分固体。升华完毕，可用不锈钢刮匙将凝结在漏斗壁上以及滤纸上的结晶小心刮落并收集起来。

2. 减压升华

减压条件下的升华操作与上述常压升华操作大致相同。首先将待升华物质置放在吸滤管内，然后在吸滤管上配置指形冷凝管，内通冷凝水，用油浴加热，吸滤管支口接水泵或油泵（见图 2-55）。

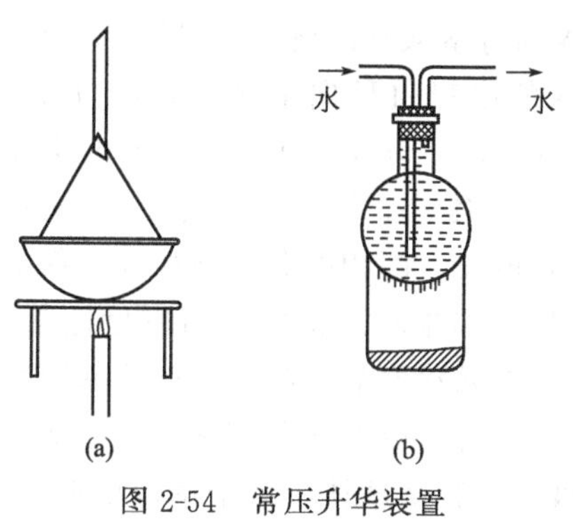

图 2-54　常压升华装置

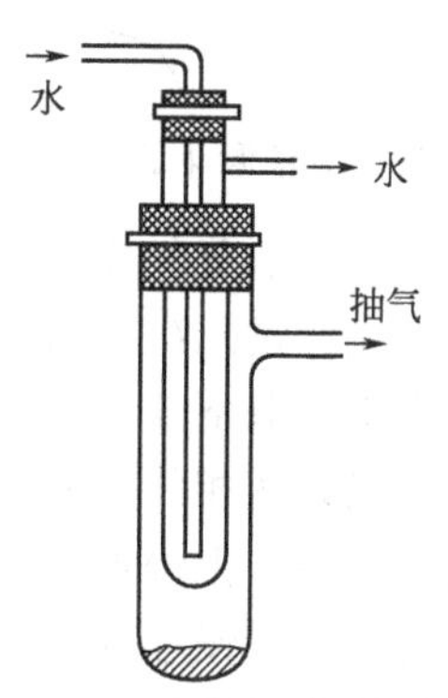

图 2-55　减压升华装置

在进行升华操作时应注意：

① 因为升华发生在物质的表面，所以待升华物质应预先粉碎。必须注意冷却面与升华物质的距离应尽可能近些。

② 待升华物质要经充分干燥，否则在升华操作时部分有机物会与水蒸气一起挥发出来，影响分离效果。

③ 在蒸发皿上覆盖一层布满小孔的滤纸，主要是为了在蒸发皿上方形成温差层，使逸出的蒸气容易凝结在玻璃漏斗壁上，提高物质升华的收率。必要时，可在玻璃漏斗外壁上敷上冷湿布，以助冷凝。

④ 无论常压或减压升华，为了达到良好的升华分离效果，加热温度应控制在待纯化物质的三相点温度以下，如果加热温度高于三相点温度就会使不同挥发性的物质一同蒸发，从而降低分离效果。一般常用水浴、油浴、沙浴等热浴进行加热较为稳妥，避免使用明火直接加热。

十二、萃取

萃取是提取和纯化化合物的重要手段之一。利用化合物在两种互不相溶（或微溶）的溶剂中溶解度或分配系数不同，使化合物从一种溶解度较小的溶剂内转移到另一种溶解度较大的溶剂中，经多次操作，最后将绝大部分的化合物提取出来。应用萃取可以从固体或液体混合物中提取出所需要的物质。

1. 液-液萃取

液-液萃取常在分液漏斗中进行。一般选择一个比被萃取液体积大1～2倍的分液漏斗，在旋塞上涂好凡士林，然后将旋塞关闭好。在使用前，必须事先用水检查分液漏斗的盖子是否能盖紧，是否严密不漏水；检查活塞是否严密，关闭后不漏水，开启时能畅通放水，以确保在使用时，不发生泄漏或不能畅通排放液体等事故。在进行萃取（或洗涤）时，先把分液漏斗放在铁架台的铁环上，务必关好活塞，从漏斗的上口将被萃取液体倒入分液漏斗中，然后将萃取剂加入到分液漏斗的液体中。比萃取液密度大的萃取剂将沉于底部构成下层，如果用于萃取的溶剂密度比萃取液小，则构成上层。盖紧盖子，取下漏斗，将分液漏斗用塞子塞好后，用左手握住漏斗，左手的手掌顶住盖子，右手握在漏斗的活塞处，右手的大拇指和食指按住活塞，将活塞的旋面向上，中指垫在活塞座下边，徐徐地转动和振摇加有萃取剂的溶液（见图2-56）。振摇分液漏斗时，将漏斗的出料口稍向上倾斜，经过几次振摇后，旋开活塞，让溶剂蒸气或气体逸出，如果不让蒸气逸出，气压压力升高，有时会使塞子和液体冲出来。在经过几次振摇放气后，漏斗内的压力已很小，再剧烈振摇2～3min后，将漏斗放回铁圈中，取下盖子，静置数分钟。静置时间愈长，两相的分离愈彻底。仔细观察两相的分界线，确认两相的界面清晰后，进行分离操作。如果萃取剂的相对密度比萃取液的大，则萃取剂在下层。慢慢地旋开活塞，放出萃取剂。如果萃取剂的相对密度比萃取液的小，则萃取剂在上层，慢慢地旋开活塞，放出萃取液，然后将萃取剂从分液漏斗顶口倒出。上面描述的整个操作步骤常常需要重复2～3次，以使被萃取物从液体中完全萃取出来。

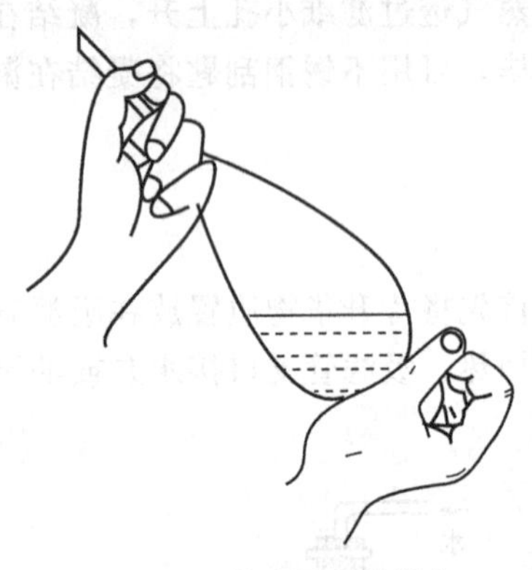

图2-56 分液漏斗的操作

2. 液-固萃取

液-固萃取的原理与液-液萃取类似。常用的方法有浸取法和连续提取法。

(1) 浸取法

把固体混合物粉碎、研细后放入容器中，然后加入溶剂浸泡、加热、搅拌，使易溶于萃取剂的物质提取出来，过滤将萃取液和固体残渣分开。这种方法适用于溶解度较大的物质。

(2) 连续提取法

连续提取法一般采用索氏（Soxhet）提取器（脂肪提取器）进行提取，适用于提取溶解度较小的物质，但当物质受热易分解和萃取剂沸点较高时，不宜适用这种方法。装置如图2-57所示。操作时先将滤纸卷

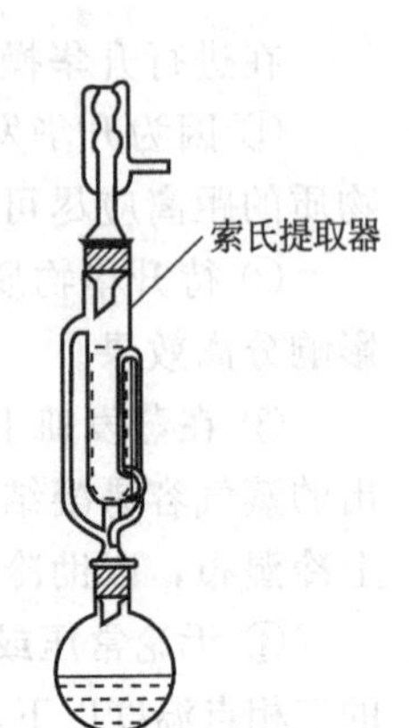

图2-57 连续提取法

成圆筒状，装入待提取的固体混合物，两端封好后用线扎紧，放入提取筒内。将萃取溶剂倒入圆底烧瓶（其体积约为虹吸体积的 2 倍），加入沸石，加热使溶剂沸腾。当蒸气从烧瓶上升到冷凝管中，冷凝后回流到提取筒内浸泡固体混合物，当液面超过虹吸管上端后，通过虹吸作用，提取液自动流入蒸馏瓶中，如此循环，直到大部分可溶性物质被提取出来。

十三、光电仪器

1. 酸度计及其使用

酸度计的型号很多，这里主要介绍 pHS-3C 型酸度计，该酸度计是一台四位十进制数字显示的酸度计。仪器附有电子搅拌器及电极支架，供测量时作搅拌溶液和安装电极使用。仪器有 0～10mV 的直流输出，如配上适当的记录式电子电势差计，可自动记录电极电势。仪器的测量范围：pH 挡 0～14，mV 挡 0～±1999mV（自动极性显示）；精度：pH 挡 0.01pH±1 个字，mV 挡 1mV±1 个字；零点漂移：≤0.01pH/2h。

pHS-3C 型酸度计是以玻璃电极为指示电极，甘汞电极为参比电极，与被测溶液组成如下原电池：Ag|AgCl|内缓冲溶液|内水化层|玻璃膜|外水化层|被测溶液|饱和甘汞电极，此电池的电动势的表达式为：

$$\varepsilon=K+\frac{2.303RT}{F}\mathrm{pH}$$

式中，K 为常数。当被测溶液的 pH 值发生变化时，电池的电动势 ε 也随之而变。在一定温度范围内，pH 值与 ε 呈线性关系。为了方便操作，现在 pH 计上使用的主要是将以上两种电极组合而成的复合电极。pHS-3C 型酸度计面板如图 2-58 所示。

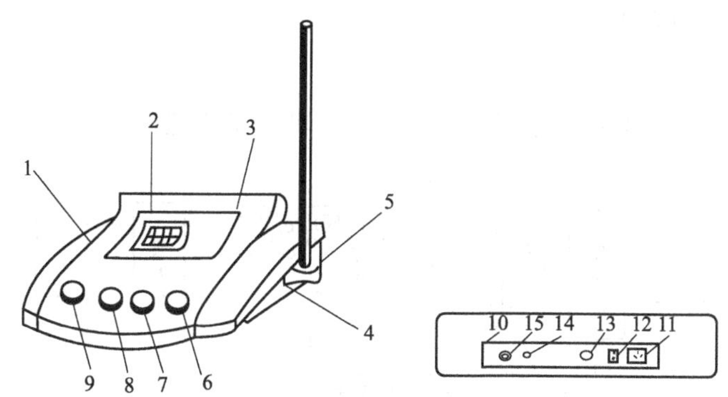

图 2-58　pHS-3C 型酸度计面板

1—机箱外壳；2—显示屏；3—面板；4—机箱底；5—电极杆插座；6—定位调节旋钮；7—斜率补偿调节旋钮；8—温度补偿调节旋钮；9—选择开关旋钮；10—仪器后面板；11—电源插座；12—电源开关；13—保险丝；14—参比电极接口；15—测量电极插座

(1) 仪器的操作步骤

① 开机前的准备。

a. 将复合电极插入测量电极插座，调节电极夹至适当的位置。

b. 小心取下复合电极前端的电极套，用去离子水清洗电极后，用滤纸吸干。

② 打开电源开关，通电预热仪器大约半小时。

③ 仪器的标定。

a. 将选择开关旋钮 9 旋至 pH 挡，调节温度补偿调节旋钮 8，使旋钮上的白线对准溶液温度值。把斜率补偿调节旋钮 7 顺时针旋到底（即旋到 100%位置）。

b. 将清洗过的电极插入 pH＝6.86 的标准缓冲溶液中，调节定位旋钮 6，使仪器显示读数与该缓冲溶液在当时温度下的 pH 值一致。

c. 用去离子水清洗电极后再插入 pH＝4.00（或 pH＝9.18）的标准缓冲溶液中，调节斜率旋钮，使仪器的显示读数与该缓冲溶液在当时温度下的 pH 值一致。

d. 重复 b、c 操作，直至不用再调节定位或斜率旋钮为止。

注意：仪器经以上标定后，定位和斜率调节旋钮不可再有变动。

④ 测定。用去离子水清洗电极并用滤纸吸干，将电极浸入被测溶液，显示屏上的读数即为被测溶液的 pH 值。

(2) 注意事项

① 玻璃电极的插口必须保持清洁，不使用时应将接触器插入，以防灰尘和湿气浸入。

② 新玻璃电极在使用前需要用蒸馏水浸泡 24h。若发现玻璃电极球泡有裂纹或老化，应更换新电极。

③ 测量时，电极的引入导线需保持静止，否则会引起测量不稳定。

④ 用缓冲溶液标定仪器时，要保证缓冲溶液的可靠性，否则会导致测量结果的误差。

2. 电导率仪及其使用

电解质溶液的电导测量除可用交流电桥法外，目前多数采用电导率仪进行测量。它的特点是测量范围广、快速直读及操作方便，如配接自动电子电势差计后，还可对电导的测量进行自动记录。电导率仪的类型很多，基本原理大致相同，这里仅以 DDS-11A 电导率仪为例，简述其构造原理及使用方法。

(1) 测量原理

仪器由振荡器、放大器和指示器等部分组成，其测量原理可参看图 2-59。

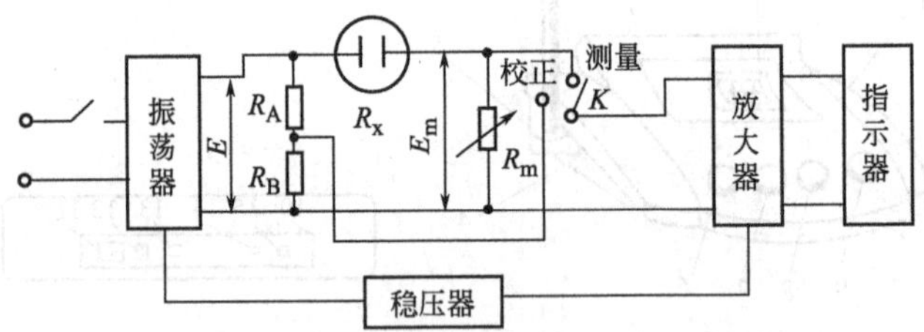

图 2-59 DDS-11A 电导率仪测量原理示意图

图 2-59 中，E 为振荡器产生的标准电压，R_x 为电导池的等效电阻，R_m 为标准电阻器，E_m 为 R_m 上的交流分压。由欧姆定律及图 2-59 可得：

$$E_m=\frac{R_m}{R_m+R_x}\cdot E=\frac{R_mE}{R_m+\frac{1}{G}}$$

由此可见，当 R_m、E 为常数时，溶液的电导有所改变时（即电阻值 R_x 发生变化时），必将引起 E_m 的相应变化，因此测量 E_m 的值就反映了电导的高低。E_m 信号经放大检波后，由 0～10mA 电表改制成的电导表头直接指示出来。

(2) DDS-11A 电导率仪使用方法

① 不采用温度补偿法。

a. 选择电极。对电导很小的溶液用光亮电极，电导中等的用铂黑电极，电导很高的用U形电极。

b. 将电导电极连接在DDS-11A电导率仪上，接通电源，打开仪器开关，温度补偿旋钮置于25℃刻度值。

c. 电导电极插入被测溶液中。将仪器测量开关置“校正”挡，调节常数校正旋钮，仪器显示电导池实际常数值。

d. 将测量开关置“测量”挡，选择适当的量程挡，将清洁电极插入被测液中，仪器显示该被测液在溶液温度下的电导率。

② 采用温度补偿法。

a. 常数校正。调节温度补偿旋钮，使其指示的温度值与溶液温度相同，将仪器测量开关置“校正”挡，调节常数校正旋钮，使仪器显示电导池实际常数值。

b. 操作方法同第一种情况一样，这时仪器显示被测液的电导率为该液体标准温度（25℃）时的电导率。

(3) 说明

一般情况下，所指液体电导率是指该液体介质标准温度（25℃）时的电导率，当介质温度不在25℃时，其液体电导率会有一个变量。为等效消除这个变量，仪器设置了温度补偿功能。仪器不采用温度补偿时，测得液体电导率为该液体在其测量时液体温度下的电导率。仪器采用温度补偿时，测得液体电导率已换算为该液体在25℃时的电导率值。

本仪器温度补偿系数为2%/℃。所以在做高精度测量时，请尽量不要采用温度补偿，而采用测量后查表或将被测液等温在25℃测量，求得液体介质25℃时的电导率。

3. 分光光度计及其使用

(1) 721W型可见分光光度计的性能和结构

721W型可见分光光度计是在可见光谱区域内使用的一种单光束型仪器，其工作波长范围是360～800nm，以钨丝白炽灯为光源。其仪器的结构示意图、面板功能图和仪器光学系统图分别如图2-60～图2-62所示。

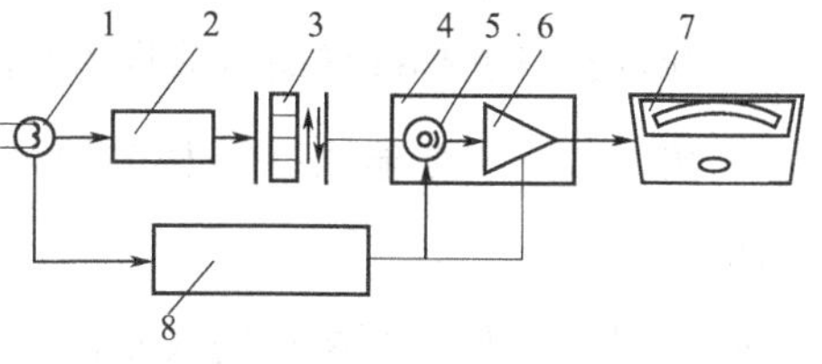

图2-60　721W型分光光度计结构示意图

1—光源；2—单色器；3—吸收池；4—光电管暗盒；5—光电管；6—放大器；7—微安表；8—稳压器

(2) 仪器的操作步骤

① 准备工作。

a. 转动波长手轮，使波长指示窗显示所需波长数。

b. 打开试样室盖。

c. 开启电源，仪器自动调暗，电流为零。

d. 关闭试样室盖，推动试样槽拉杆使1号试样槽进入光路，仪器自动调100%T。

e. 预热30min。

② 透光率T的测定。

a. 按[TAC]键，使“T”指示灯亮。

b. 打开试样室盖，仪器自动调暗，电流为零。

c. 将参比溶液放入1号试样槽，将待测溶液放入其他试样槽。

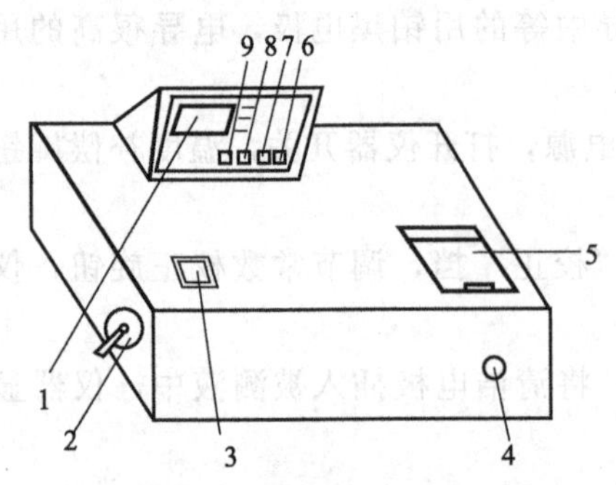

图 2-61 721W 型分光光度计面板功能图

1—数显窗；2—波长手轮；3—波长指示窗；4—试样槽拉杆；5—试样室门；6—TAC 键；7—正向置数键；8—反向置数键；9—复位键

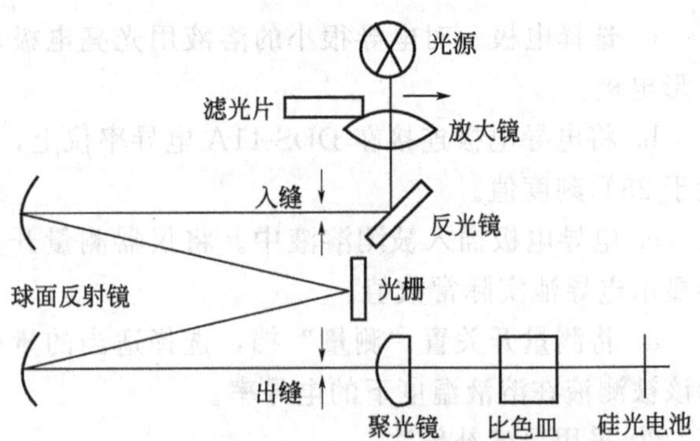

图 2-62 721W 型分光光度计的光学系统图

d. 关闭试样室盖，使 1 号试样槽进入光路，仪器自动调 100％T。

e. 拉动拉杆，使待测溶液进入光路，显示窗读数为待测溶液透光率 T 值。

③ 吸光度 A 的测量。

a. 按透光率 T 测定步骤 a～e 操作。

b. 按 TAC 键使"A"指示灯亮，显示窗读数即为待测溶液吸光度 A 值。

④ 浓度 c 的测量。

a. 按 TAC 键，使"T"指示灯亮。

b. 打开试样室盖，仪器自动调暗，电流为零。

c. 将参比溶液放入 1 号试样槽，自己配制的标准样品溶液和待测溶液放入其他试样槽（建议标准样品溶液的吸光度 A 在 0.2～0.8 范围内选取）。

d. 关闭试样室盖，使 1 号试样槽进入光路，仪器自动调 100％T，显示窗显示读数为"100.0"。

e. 拉动拉杆使标准样品溶液进入光路，按 TAC 键，使"C"指示灯亮。

f. 按 ＋、－ 键输入标准样品溶液浓度值，同时按此二键可改变小数点位置，再按 TAC 键。

g. 拉动拉杆使待测溶液进入光路，显示窗读数为待测溶液的浓度值。

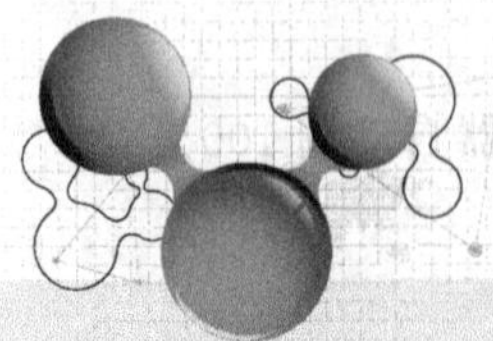

参考文献

[1] 钟国清. 无机及分析化学实验［M］. 北京：科学出版社，2011.

[2] 中山大学等. 无机化学实验［M］. 北京:高等教育出版社，2003.

[3] 武汉大学. 分析化学实验［M］. 第 5 版. 北京：高等教育出版社，2011.

[4] 姚映钦. 有机化学实验［M］. 第 3 版. 武汉:武汉理工大学出版社，2011.

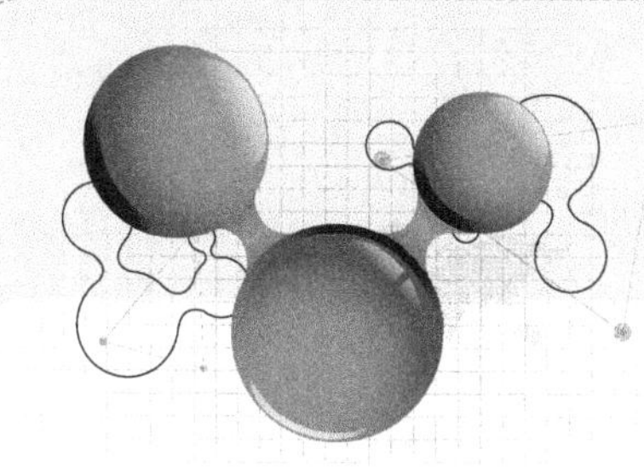

第三章 趣味化学实验

实验1 喷雾作画

一、实验目的

(1) 了解三氯化铁与不同物质发生反应的原理与显色情况。

(2) 通过反应后的不同显色情况来作图，将趣味性融入到实验操作中。

二、实验原理

三氯化铁（$FeCl_3$）溶液直接喷在白纸上时显黄色，遇到硫氰化钾（KSCN）溶液时会显血红色，遇到亚铁氰化钾（$K_4[Fe(CN)_6]$）溶液时会显蓝色，遇到铁氰化钾（$K_3[Fe(CN)_6]$）溶液时显绿色，遇到水杨酸时显棕色，遇苯酚则显紫色。

三、主要仪器与试剂

1. 仪器

烧杯，容量瓶，喷雾器或小喷壶，毛笔。

2. 试剂

三氯化铁（AR），硫氰化钾（AR），亚铁氰化钾（AR），铁氰化钾（AR），水杨酸（AR），苯酚（AR）。

四、实验步骤

安全预防：三氯化铁的酸性较强，与铁氰化钾反应稍稍微热就会有有毒气体氰化氢放出，实验时需小心谨慎。

(1) 配制溶液：分别配制 0.2mol/L 的硫氰化钾、亚铁氰化钾、铁氰化钾、水杨酸溶液各 100mL，再配制 0.5mol/L 的苯酚溶液和三氯化铁溶液各 100mL。

(2) 用毛笔分别蘸取硫氰化钾溶液、亚铁氰化钾溶液、铁氰化钾溶液、水杨酸溶液、苯酚溶液在白纸上绘画，画完后，将纸晾干。

(3) 将三氯化铁溶液装入喷雾器中，在绘有图画的白纸上喷洒三氯化铁溶液。

五、思考题

(1) 请分别列出三氯化铁与硫氰化钾、亚铁氰化钾、铁氰化钾、水杨酸、苯酚反应的化学方程式。

（2）三氯化铁有哪些物化性质？具有哪些用途？

实验2　指纹鉴定

一、实验目的

了解指纹鉴定的基本方法及原理。

二、实验原理

指纹是每个人的特征，指纹鉴定的科学基础就在于，人的指纹各不相同且终身不变，只要物体表面有足够的光滑度，人手接触物体就必然会留下指纹印。指纹印上会留下手指表面的微量物质，如油脂、盐分和氨基酸等。由于指纹凹凸不平，其微量物质的排列与指纹呈相同的图案，因而只需检测这些微量物质，就能显示出指纹。

显示指纹的方法通常有以下四种。

（1）碘蒸气法：即用碘蒸气熏。由于碘能溶解在指纹印上的油脂中，从而能显示出指纹。这种方法能检测出数月之前的指纹。

（2）硝酸银溶液法：向指纹印上喷硝酸银溶液，指纹印上的氯化钠就会转化成氯化银不溶物。经过日光照射，氯化银分解出银细粒，就会像照相馆底片那样显示棕黑色的指纹，这是刑侦中常用的方法。这种方法可检测出更长时间之前的指纹。

（3）有机显色法：因指纹印中含有多种氨基酸成分，因此采用一种叫二氢茆三酮的试剂，利用它跟氨基酸反应产生紫色物质，就能检测出指纹。这种方法可检出一、二年前的指纹。

（4）激光检测法：用激光照射指纹印显示出指纹。这种方法可检测出长达五年前的指纹。

本实验采用碘蒸气法来显示指纹。碘受热时会升华变成紫红色的碘蒸气，碘蒸气能溶解在手指上的油脂等分泌物中，并形成棕色指纹印记。

三、主要仪器与试剂

1．仪器

试管，橡胶塞，酒精灯。

2．试剂

碘（AR）。

四、实验步骤

安全预防：碘受热升华产生的碘蒸气会剧烈地刺激眼、鼻黏膜，严重时会使人中毒致死，实验时需注意通风，操作需小心谨慎，不可吸入。

（1）取一张干净光滑的白纸（如称量纸），剪成长约4～5cm、宽不超过试管直径的纸条，用手指在纸条上用力按几个指印（也可在手指上轻涂一层极薄的凡士林，然后在纸条上压一下）。

（2）用药匙取芝麻粒大小的一粒碘，放入干燥的试管底部，把纸条悬于试管中，按有指印的一面勿贴在管壁上，塞上橡胶塞。

（3）把装有碘的试管在酒精灯上微热一下，待产生碘蒸气后立即停止加热，观察纸条上的指纹印迹。

五、思考题

（1）为什么产生碘蒸气后需立即停止加热，加热过久会有什么现象？

（2）简述硝酸银溶液法鉴定指纹的原理。

实验3　写密信

一、实验目的

了解各种隐显墨水的制备方法及原理。

二、实验原理

写密信常用的方法就是使用隐显墨水。在白纸上用无色试液写字，晾干后字迹消失，再用能与这种试液作用显示一定颜色的物化方法来处理，就能显出所写的字迹来。

常见的隐显墨水有氯化钴墨水、酚酞墨水、淀粉墨水、柠檬墨水、洋葱墨水、白醋墨水、明矾墨水等。

本实验选取其中四种墨水来书写文字，通过一定的物理化学方法将文字显形或隐形。

三、主要仪器与试剂

1. 仪器

烧杯，玻璃棒，酒精灯，毛笔，电吹风。

2. 试剂

浓氨水（AR），淀粉（AR），碘（AR），碘化钾（AR），氯化钴（AR），酚酞试剂，新鲜柠檬。

四、实验步骤

安全预防：浓氨水受热或见光易分解，有强烈的刺激性气味，对呼吸道和皮肤有刺激作用，严重时会损伤中枢神经系统，实验时需注意通风，操作需小心谨慎，不可吸入。

（1）氯化钴墨水：先配制 0.1mol/L 氯化钴溶液 50mL，然后用毛笔蘸取在白纸上写字。氯化钴的稀溶液是浅粉红色的，等纸干了以后，几乎看不出纸上有什么颜色。将纸放在酒精灯火焰上微热一下，显出蓝色的字迹。若要字迹消失，只需在纸上喷一点水雾，纸上的蓝字就会消失。可反复若干次。

（2）酚酞墨水：用毛笔蘸取酚酞试剂在白纸上写字，晾干，纸上无字迹。将纸放在装有浓氨水的试剂瓶口熏，立即显示出红字迹，放在通风处，稍等一会儿又会变成无色。可反复若干次。

（3）淀粉墨水：用稀淀粉溶液在白纸上写字，干后无字迹，用碘水（碘和碘化钾的水溶液）涂抹，显出蓝色字迹，放在火焰上方烘，蓝色又褪去。可反复若干次。

(4) 柠檬墨水：将鲜榨柠檬汁倒入小烧杯中，用毛笔蘸汁在白纸上书写，并将纸晾干。要让字重新显形，必须小心地把有文字的区域用电吹风的热风加热，文字显形后为褐色。

五、思考题

简述氯化钴墨水、酚酞墨水、淀粉墨水及柠檬墨水的隐显原理。

实验4 茶水的魔术表演

一、实验目的

(1) 了解茶叶的基本物化性质。

(2) 培养学生善于观察生活、善于从中总结的能力。

二、实验原理

许多植物的色素具有酸碱指示剂的功能，日常生活中常见的茶叶在酸碱条件下也能发生变色反应，故茶水也有一定的酸碱指示作用。

茶水中含有大量的鞣酸（也称单宁酸），鞣酸遇到亚铁离子后会立刻生成鞣酸亚铁，它的性质极不稳定，在水中很快被氧化生成鞣酸铁的配合物而呈蓝黑色，从而使茶水变成“墨水”。草酸具有还原性，能将三价的铁离子还原成二价的亚铁离子，从而使溶液的蓝黑色消失，重新显现出茶水的颜色。

本实验通过一些常见的生活用品完成茶水的趣味变色实验，具有一定的现实指导意义，如少喝浓茶、少用硬水泡茶，否则易形成铁锈，危害身体健康。

三、主要仪器与试剂

1. 仪器

烧杯，玻璃棒。

2. 试剂

普通茶叶，白醋，食盐，洗衣粉，绿矾（AR），草酸（AR）。

四、实验步骤

(1) 冲泡约 1000mL 的茶水，冷却至室温备用。

(2) 取 3 个洁净的烧杯，各加入约 100mL 的茶水，并标号。分别往 3 个烧杯中加入一药匙的白醋、食盐水及洗衣粉溶液，观察现象并记录。

(3) 另取 1 个洁净的烧杯，加入约 500mL 的茶水。将玻璃棒的一端蘸上绿矾粉末，另一端蘸上草酸晶体粉末，先用蘸取了绿矾的一端搅拌茶水，观察颜色变化情况并记录，再用蘸取了草酸的一端搅拌茶水，观察颜色变化情况并记录。

五、思考题

(1) 绿豆放在铁锅里煮了以后会变黑，苹果、梨用铁刀切了以后，表面也会变黑，为什么？梨、柿子即使没用铁刀去切，皮上也会有一些黑色的斑点，这又是为什么？

(2) 茶能提神醒脑、促进消化，但是饮茶过浓反而会伤身，若经常性地大量饮浓茶易出现哪些不良症状？并分别分析其原因。

实验5 五彩的花叶图

一、实验目的

了解酸碱指示剂的作用原理，学会在化学实验中正确的运用指示剂。

二、实验原理

酸碱指示剂是指用于酸碱滴定的指示剂，这是一类结构较复杂的有机弱酸或有机弱碱，它们在溶液中能部分电离成指示剂的离子和氢离子（或氢氧根离子），并且由于结构上的变化，它们的分子和离子具有不同的颜色，因而在 pH 值不同的溶液中会呈现不同的颜色。

酸碱指示剂作为化学实验中的重要试剂，在实验教学中必不可少。日常所见的鲜花等植物的花、果、茎、叶中都含有色素，这些色素在 pH 值不同的溶液中颜色变化明显，均可作为酸碱指示剂使用，这是运用酸碱指示剂的原理。

本实验选取校园常见的鲜花、叶子的酒精浸取液作为酸碱指示剂的代用品，其来源广、取材方便、变色灵敏，对溶液的酸碱性和强弱都能很好地区分，使实验更富趣味性。

三、主要仪器与试剂

1. 仪器

试管，量筒，烧杯，玻璃棒，研钵，试剂瓶，白色点滴板，毛笔。

2. 试剂

各色鲜花及叶子，无水乙醇（AR），盐酸（AR），乙酸（AR），氢氧化钠（AR），氨水（AR）。

四、实验步骤

安全预防：浓氨水受热或见光易分解，有强烈的刺激性气味，对呼吸道和皮肤有刺激作用，严重时会损伤中枢神经系统，实验时需注意通风，操作需小心谨慎，不可吸入。乙酸有刺激性。盐酸具有腐蚀性。氢氧化钠具有强腐蚀性，若溅到皮肤上或眼中，应立即用水冲洗，或用硼酸水冲洗。

（1）选取 7～8 种不同颜色的鲜花（如牵牛花、鸡冠花、菊花、大丽花、玫瑰等）和叶子，将其花瓣与叶子去杂质，分别在研钵中捣碎，各加入 10mL 酒精溶液（无水乙醇与水的体积比为 1∶1），再分别用 4 层纱布过滤，所得滤液分别是花瓣色素、植物叶子色素的酒精溶液，即为自制的酸碱指示剂。将它们分装在不同的试管中，并做好各种花样或叶样的标签，以免混淆。

（2）分别配制 pH 值从 0～14 的标准溶液，备用，如表 3-1 所示。

（3）在点滴板中依次注入适量 pH 值为 0～14 的标准溶液，分别将 1～2 滴 1 号花样的滤液滴入，观察颜色变化并记录。其余花样和叶样操作同前。

表 3-1 pH 为 0～14 标准溶液的配置表 单位：mL

试剂 pH 值	HCl (1.0mol/L)	CH_3COOH (1.0mol/L)	NaOH (1.0mol/L)	$NH_3 \cdot H_2O$ (1.0mol/L)	H_2O
0	100				
1	10				90
2	1				99
3		6			94
4		87	13		
5		61	39		
6		51	49		
7		50		50	
8	49			51	
9	39			61	
10	13			87	
11				6	94
12			1		99
13			10		90
14			100		

(4) 用毛笔蘸取自制的指示剂在白纸上作画，自由发挥创作。根据指示剂在不同 pH 值下的显色情况，用毛笔蘸取相应的 pH 标准溶液（见表 3-2），均匀涂到画纸上，晾干，一幅五彩的花叶图便完成了。由于不同滤液在 pH 标准溶液中的显色有差异，故在涂 pH 液时应注意尽量避免相互触碰，以达到更好的效果。

表 3-2 自制指示剂的颜色变化

序号	植物名称	花瓣或叶片颜色	pH 值														
			0	1	2	3	4	5	6	7	8	9	10	11	12	13	14
1																	
2																	
3																	
4																	
5																	
6																	
7																	
8																	

五、思考题

(1) 酸碱指示剂的作用原理是什么？影响酸碱指示剂变色的因素有哪些？

(2) 酸碱指示剂常分为哪几种？请分别举例，并列出其变色范围及颜色变化情况。

实验6 不易生锈铁钉的制作

一、实验目的

(1) 了解钢铁防锈的方法。

(2) 了解钢铁发黑的基本方法及原理。

二、实验原理

一般钢铁容易生锈，如果将钢铁零件的表面进行发黑处理（也被称为“发蓝”），就能大大增强抗蚀能力，延长使用寿命。发黑处理现在常用的方法有传统的碱性加温发黑和出现较晚的常温发黑两种。铁在含有氧化剂和苛性钠的混合溶液中，在一定温度下经一定时间后，反应生成亚铁酸钠（Na_2FeO_2）和铁酸钠（$Na_2Fe_2O_4$），亚铁酸钠与铁酸钠又相互作用生成四氧化三铁氧化膜。其反应方程式为：

$$3Fe+NaNO_2+5NaOH = 3Na_2FeO_2+H_2O+NH_3\uparrow$$

$$8Fe+3NaNO_3+5NaOH+2H_2O = 4Na_2Fe_2O_4+3NH_3\uparrow$$

$$Na_2FeO_2+Na_2Fe_2O_4+2H_2O = Fe_3O_4+4NaOH$$

这层氧化膜呈黑色或黑蓝色，它结构致密，具有较强的抗腐蚀能力。

常温发黑工艺对于低碳钢的效果不太好。A3 钢用碱性发黑好一些。碱性发黑有一次发黑和两次发黑两种。发黑液的主要成分是氢氧化钠和亚硝酸钠。发黑时所需温度的宽容度较大，大概在 135～155℃之间都可以得到不错的表面，只是所需时间不同而已。

注意：NaOH 有强烈腐蚀性，并且溶于水时放出大量热。而亚硝酸钠为剧毒物质，做完实验要彻底把手洗干净。

三、主要仪器与试剂

1. 仪器

电子天平，三脚架，石棉网，酒精灯，烧杯，试管。

2. 试剂

稀 HCl 溶液，稀 NaOH 溶液，NaOH(AR)，$NaNO_3$(AR)，$NaNO_2$(AR)，蒸馏水。

四、实验步骤

安全预防：亚硝酸钠为剧毒物质，小心使用。铁钉的处理过程中要小心酸液或碱液溅到身上，试管中溶液不可加入过多，浸没铁钉即可。实验完后，盖好亚硝酸钠的瓶盖，并将剩余酸液或碱液倒入指定的废液桶中。

(1) 先用试管量取适量稀氢氧化钠，把铁钉投进，加热煮沸 5～10min，用镊子取出，再用水洗净，除去油膜。

(2) 再用试管量取适量稀盐酸，把铁钉投进，加热（60～80℃），约 2min 后取出洗净，除去镀锌层、氧化膜和铁锈。

(3) 称取 2g 固体氢氧化钠，0.3g 硝酸钠和 1 角匙亚硝酸钠，在烧杯中溶于 10mL 蒸馏水。

（4）把铁钉投入烧杯中，加热煮沸约 20min 后用镊子取出，用水冲洗、擦干，可见铁片上有一层黑蓝色或黑色的致密氧化膜。

五、思考题

（1）为什么要在碱性条件下进行反应？

（2）经氧化处理后的表面氧化膜，虽然较紧密，但仍有微小的松孔，要将松孔填满使之更为致密，应如何处理？

实验7 含碘食盐中碘的检验

一、实验目的

（1）了解食盐中碘的成分。

（2）了解食盐中碘的测试原理和方法。

二、实验原理

一个成人的体内大约含有 20～50mg 的碘，主要集中在人的甲状腺内。人如果缺少了碘，会引起甲状腺的肿大，俗称“大脖子病”。在我国，许多地方的食品和水中都缺少这种元素。因此在中华人民共和国成立以后，我们加强了预防，主要是多供应含碘的食物。现在我国使用的食盐中都加入了碘元素，叫做碘盐，这也是为了预防甲状腺肿大症。此外，多吃海带也可以加强人体对碘的吸收。

含碘食盐中含有碘酸钾（KIO_3），除此以外，一般不含有其他氧化性物质。在酸性条件下 IO_3^- 能将 I^- 氧化成 I_2，I_2 遇淀粉试液变蓝，而不加碘的食盐则不能发生类似的反应：

$$IO_3^- + 5I^- + 6H^+ = 3I_2 + 3H_2O$$

三、主要仪器与试剂

1. 仪器

试管，胶头滴管。

2. 试剂

含碘食盐溶液，不加碘食盐溶液，KI 溶液，稀硫酸，淀粉试液，蒸馏水。

四、实验步骤

（1）在 2 支试管中分别加入少量含碘食盐溶液和不加碘食盐溶液，然后各滴入几滴稀硫酸，再滴入几滴淀粉试液，观察现象。

（2）在第 3 支试管中加入适量 KI 溶液和几滴稀硫酸，然后再滴入几滴淀粉试液，观察现象。

（3）将第 3 支试管中的液体分别倒入前 2 支试管里，混合均匀，观察现象。

五、思考题

（1）碘的性质有哪些？

（2）在检测过程中，含碘食盐和不含碘食盐分别产生了何种现象？

实验8　消字灵的制作

一、实验目的

(1) 了解草酸的性质。

(2) 了解应用草酸制作消字灵的原理和方法。

二、实验原理

草酸（$H_2C_2O_4$，又称乙二酸）为配位剂，可以与蓝黑墨水中的 Fe^{3+} 形成 $H_3[Fe(C_2O_4)_3]$ 配合物，可除去黑色的鞣酸铁，再加氯水溶液擦拭时，可漂白蓝色的斑点。

三、主要仪器与试剂

1. 仪器

烧杯，锥形瓶，滴管，滴瓶，收集瓶。

2. 试剂

草酸（AR），蒸馏水，高锰酸钾（AR），浓盐酸（AR），漂白粉，蒸馏水。

四、实验步骤

(1) 用角匙取少量草酸晶体放入烧杯或锥形瓶中，加蒸馏水使之溶解。然后将此溶液倒入一只滴瓶（甲滴瓶）中，标签注明“甲液”。

(2) 再配制“乙液”（氯水或漂白粉溶液）。

① 氯水的配制方法：将 1 角匙高锰酸钾晶体加入 5mL 小烧杯中，将烧杯放入盛有 20mL 水的集气瓶中，然后再向小烧杯中加入浓盐酸，将集气瓶用玻璃片盖好，待反应停止后，将集气瓶中新制成的氯水装入乙滴瓶中。

② 漂白粉溶液的配制：如果没有条件准备一套制氯水的装置，就可以用漂白粉溶液代替氯水。配制漂白粉溶液的方法比较简单。用角匙将漂白粉加入到烧杯中，然后加蒸馏水溶解。漂白粉的溶解度较小，因此配制的溶液有些浑浊。将此液倒入乙滴瓶中即可。

(3) 去字迹时，先用“甲液”滴在字迹上，然后再将“乙液”滴上一滴，字迹会立即消失。注意晾干后再将修改的字迹写上去。

五、思考题

(1) 制备氯水的反应方程式是什么？

(2) 消字灵的使用方法是什么？

实验9　蛋白留痕

一、实验目的

(1) 了解蛋壳的基本组成。

(2) 了解在蛋壳上刻画及蛋白留痕的原理。

二、实验原理

醋酸可以溶解蛋壳，然后少量溶入蛋白。鸡蛋白是由氨基酸组成的球蛋白，它在弱酸性条件下可发生水解，生成多肽等物质。这些物质中的肽键遇 Cu^{2+} 发生配位反应，呈现蓝色或者紫色。

三、主要仪器与试剂

1. 仪器

毛笔，铁钉，小刀，酒精灯，烧杯。

2. 试剂

蛋，蜡，醋酸（AR)，蒸馏水。

四、实验步骤

1. 蛋壳刻画

(1) 取一只鸡蛋（最好为红壳鸡蛋，其蛋壳稍硬)，洗净，用布轻轻擦干。

(2) 取 10～20g 的蜡，加热使之熔化，用毛笔蘸取蜡液，在蛋壳上绘图或写字，待白蜡冷凝后，把鸡蛋慢慢浸入 10%的醋酸中，用筷子拨动鸡蛋，使它均匀地跟溶液接触约 20～30min。当蛋壳表面产生较多的气泡，蛋壳上有明显的腐蚀现象即可。

(3) 取出鸡蛋，用清水漂洗，晾干。

(4) 用铁钉在鸡蛋的两端各打一孔，用嘴吹出蛋清和蛋黄。待蛋清和蛋白全部滴出后，用小刀轻轻刮去涂在壳上的白蜡，最后将蛋壳放在热水中浸一下，就能看到明显的图案花纹或字迹，被腐蚀的蛋壳表面很容易上色。

2. 蛋白留痕

(1) 取一只鸡蛋，洗去表面的油污，擦干。

(2) 用毛笔蘸取醋酸，在蛋壳上写字。等醋酸蒸发后，把鸡蛋放在稀硫酸铜溶液里煮熟。待蛋冷却后剥去蛋壳，鸡蛋白上留下了蓝色或紫色的清晰字迹，而外壳却不留任何痕迹。

五、思考题

(1) 蛋壳的主要成分是什么？

(2) 为什么蛋壳上可以刻画？

(3) 蛋白留痕的基本原理是什么？

实验10 固体酒精的制作

一、实验目的

(1) 了解酒精的化学成分、性质和用途。

(2) 了解固体酒精的制备原理和方法。

二、实验原理

固体酒精制备过程中涉及的主要化学反应式为：

$$C_{17}H_{35}COOH + NaOH = C_{17}H_{35}COONa + H_2O$$

反应后生成的硬脂酸钠是一个长碳链的极性分子，室温下在酒精中不易溶。在较高的温度下，硬脂酸钠可以均匀地分散在液体酒精中，而冷却后则形成凝胶体系，使酒精分子被束缚于相互连接的大分子之间，呈不流动状态而使酒精凝固，形成固体酒精。

三、主要仪器与试剂

1. 仪器

三颈烧瓶（150mL），电热恒温水浴锅，天平，电动搅拌器，蒸发皿。

2. 试剂

硬脂酸（CP），酒精（工业品，90%），氢氧化钠（AR），酚酞试剂，工业酒精。

四、实验步骤

安全预防：酒精易燃，避免明火。

1. 固体酒精的制备

（1）将氢氧化钠配成8%的水溶液，然后用工业酒精稀释成体积比为1∶1的混合溶液，备用。将1～3滴酚酞溶于100mL 60%的工业酒精中，备用。

（2）分别取5g工业硬脂酸、100mL工业酒精和2滴酚酞置于150mL的三颈烧瓶中，水浴加热，搅拌，并维持水浴温度在70℃左右，直至硬脂酸全部溶解后，立即滴加事先配好的氢氧化钠混合溶液，滴加速度先快后慢，滴至溶液颜色由无色变为浅红色又立即褪掉为止。

（3）继续维持水浴温度在70℃左右，搅拌10min后，停止加热，冷却至60℃，再将溶液倒入模具中，自然冷却后得固体酒精。

2. 燃烧实验

用小刀切成方形固体酒精块，质量为3.00g左右，放在蒸发皿中点燃，使其完全燃烧，待自然熄灭时，记录燃烧时间（s/g），把剩余残渣称量。

五、思考题

（1）固体酒精制备中，常用的固化剂有哪些？

（2）提高固体酒精产品的质量有何措施和方法？

实验11　彩色温度计的制作

一、实验目的

（1）了解氯化钴随温度的变色原理。

（2）激发学生将化学知识应用于日常生活的兴趣。

二、实验原理

$$Co(H_2O)_6^{2+}(\text{红色}) + 2Cl^- = Co(H_2O)_4Cl_2(\text{蓝色}) + 2H_2O$$

三、主要仪器与试剂

1. 仪器

托盘天平，温度计，带橡皮塞的试管 1 支，50mL 烧杯 1 只，水浴锅，滤纸若干。

2. 试剂

六水合氯化钴晶体（玫瑰红色）（AR），95%乙醇（AR），蒸馏水，蜡，各色颜料若干，白色棉线一根。

四、实验步骤

（1）取一粒氯化钴晶体（$CoCl_2 \cdot 6H_2O$，玫瑰红色）放入试管中，逐滴加入 95%的乙醇使之溶解（显蓝色）。再滴加清水，边滴加边振荡，使之混合均匀，至溶液刚变为红色为止。记下此时溶液的温度（起始温度）。

（2）然后用水浴加热，当温度每上升 5℃，用颜料在图纸卡上绘下该温度时和溶液相同的颜色，并在相同颜色边上记下来对应的温度。

（3）继续升高温度直至溶液颜色逐渐由紫色变为蓝色为止。将试管口用塞子塞住，并用蜡封口，以保证试管内溶液的含水量固定不变。这样随着温度变化而发生颜色变化的“变色温度计”就制成了。

五、思考题

（1）如果需要制成其他量程的变色温度计，该如何制作？

（2）试做如下扩展实验，并解释其原理：

魔力变色线

向盛有 10mL 水的小烧杯中加入大约 8g 的氯化钴晶体，制成浓度大约是 40%的氯化钴溶液。把白线放在溶液中浸泡，取出后用滤纸吸干，再把它在空气中晾干直到显出浅蓝色。将线的一端握在手中，对其呵气，会变成粉红色，而另一端仍为浅蓝色。重新放在空气中粉红色又会变成浅蓝色。

实验12　检验尿糖

一、实验目的

了解尿糖检验原理和方法。

二、实验原理

糖尿病患者尿液中含有葡萄糖，含糖量多，则病情重。检验尿液中的含糖量，可以用硫酸铜跟酒石酸钾钠与氢氧化钠溶液配制成的叫做费林试剂的药液来检验。其反应原理与用氢氧化铜悬浊液检验醛基相同。

三、主要仪器与试剂

1. 仪器

带密封塞的试剂瓶 2 只，试管若干，烧杯若干，酒精灯一只，试管夹一只。

2. 试剂

硫酸铜晶体（$CuSO_4 \cdot 5H_2O$，AR），酒石酸钾钠（$NaKC_4H_4O_6 \cdot 4H_2O$，AR），氢氧化钠（AR）。

四、实验步骤

1. 配制费林试液

取 100mL 蒸馏水，加入 3.5g 硫酸铜晶体（$CuSO_4 \cdot 5H_2O$）制成溶液Ⅰ；另取 100mL 蒸馏水，加入 17.3g 酒石酸钾钠（$NaKC_4H_4O_6 \cdot 4H_2O$）和 6g 氢氧化钠制成溶液Ⅱ。将溶液Ⅰ与溶液Ⅱ分装在两只洁净的带密封塞的试剂瓶中，使用时等体积混合即成费林试液。

2. 检验

用吸管吸取少量尿液（1～2mL）注入一支洁净的试管中，再用另一支吸管向试管中加入 3～4 滴费林试剂，在酒精灯火焰上加热至沸腾，加热后：①若溶液仍为蓝色，表明尿液中不含糖，用“－”表示；②若溶液变为绿色，表明尿液中含少量糖，用“＋”表示；③若溶液呈黄绿色，表明尿糖稍多，用“＋＋”表示；④若溶液呈土黄色，表明尿糖较多，用“＋＋＋”表示；⑤若溶液呈砖红色浑浊，说明尿糖很多，用“＋＋＋＋”表示。

备注：实验中可用适量葡萄糖加入蒸馏水中模拟尿液。

五、思考题

1. 写出本实验尿糖检验原理的化学反应方程式。

2. 尿糖检测还有其他哪些方法？试举例。

实验13 蔬菜中维生素C的测定

一、实验目的

了解蔬菜中维生素 C 的简单定性测试方法。

二、实验原理

淀粉溶液遇到碘会变成蓝紫色，这是淀粉的特性，而维生素 C 能与蓝紫色溶液中的碘发生作用，使溶液变成无色。通过这个原理，可以用来检验一些蔬菜中的维生素 C。

三、主要仪器与试剂

1. 仪器

烧杯 4 只。

2. 试剂

可溶性淀粉，碘酒，青菜叶，猕猴桃，苦瓜，苹果。

四、实验步骤

（1）在玻璃瓶内放少量淀粉，倒入一些开水，并用小棒搅动成为淀粉溶液。滴入 2～3 滴碘酒，即会发现乳白色的淀粉液变成了蓝紫色。

（2）找 2～3 片青菜，摘去菜叶，留下叶柄，榨取出叶柄中的汁液，然后把汁液慢慢滴入玻璃瓶中的蓝紫色的液体中，边滴入边搅动。这时，你又会发现蓝紫色的液体又变成了乳白色。说明青菜中含有维生素C。

(3) 按照 (1)～(2) 中的步骤，依次检验猕猴桃、苦瓜、苹果中是否含有维生素C。

五、思考题

(1) 为什么淀粉遇碘会变成蓝色，维生素C能与碘发生作用使溶液变成无色的原理是什么？

(2) 了解各种果蔬的维生素含量，哪些果蔬中维生素C含量较高？

实验14 伽伐尼电池的制作

一、实验目的

(1) 了解伽伐尼电池的制作方法。

(2) 了解伽伐尼电池的生电原理。

二、实验原理

1780年，意大利的伽伐尼从青蛙腿的触电肌肉收缩发现了生物电，提出了原电池的雏形。伽伐尼的一个偶然发现，引出伏打电池的发明和电生理学的建立。为了纪念伽伐尼，伏打还把伏打电池叫做伽伐尼电池，引出的电流称为伽伐尼电流。典型的伽伐尼电池可由两个电极和电解质溶液组成，例如，以铜为正极、锌为负极，土豆汁或西红柿汁为电解质溶液，即可构成一个简单的伽伐尼电池。其工作原理主要是：两个电极一边是铜，一边是锌（铝或铁也可以），西红柿提供化学反应需要的酸液，金属锌的化学性质比铜活泼，当这两种金属同时处在酸液中时，锌就会失去电子，这些失去的电子沿着导线传到铜片上，形成电流。西红柿提供反应所需要的酸，这使得电子从铜到锌的运动能够进行。

三、主要仪器与试剂

1. 仪器

电压表1只，耳机一个。

2. 材料

铜片，锌片，西红柿，导线。

四、实验步骤

(1) 用一条2mm宽的铜片和一条2mm宽的锌片，分别插到西红柿内。

(2) 用耳机的两端接触铜片和锌片，便能清晰地听到声音。

(3) 用电压表测量上述电池的电压。

(4) 尝试将多个电池串联，并观察电压值的变化。

五、思考题

(1) 了解伽伐尼电池的历史背景。

(2) 除了西红柿，还可以用哪些常见果蔬做伽伐尼电池？

实验15 豆腐中钙质和蛋白质的检验

一、实验目的

(1) 了解豆腐中钙质和蛋白质的简单定性检测方法及原理。

(2) 培养学生对日常生活中常见物品的化学检测意识。

二、实验原理

豆腐中的钙质与草酸钠溶液反应便生成不溶于水的草酸钙白色沉淀：

$$Ca^{2+} + Na_2(COO)_2 = Ca(COO)_2 \downarrow + 2Na^+$$

蛋白质遇到浓硝酸，微热后呈黄色沉淀析出，冷却后再加入过量的氨水，沉淀就变成橙黄色。因为蛋白质分子中一般有带苯环的氨基酸，浓硝酸和苯环发生硝化反应，能生成黄色的硝基化合物，故可用来检验蛋白质。

三、主要仪器与试剂

1. 仪器

烧杯，漏斗，滤纸，铁架台（带铁圈），精密 pH 试纸。

2. 试剂

豆腐，草酸钠（AR），浓硝酸（AR）。

四、实验步骤

1. 豆腐的酸碱性试验

取 200g 豆腐放入烧杯中，加入 120mL 蒸馏水，用玻璃棒搅拌，并捣碎至不再有块状存在。过滤，得到无色澄清的滤液和白色的滤渣。

用精密 pH 试纸测试豆腐滤液的酸碱性（一般测得的 pH 值为 6.2，显弱酸性）。

2. 豆腐中钙质的检验

取上述豆腐滤液 2mL 于试管中，再滴入几滴浓草酸钠溶液，试管中立即出现明显的白色沉淀。说明豆腐中含有丰富的钙质，而且能溶于水，不一定与蛋白质结合在一起。

3. 豆腐中蛋白质的检验

取上述白色的豆腐滤渣少许放入试管中，再滴入几滴浓硝酸，然后微热，可以看到白色的豆腐滤渣变成黄色。冷却后，加入过量的氨水，黄色转变成橙黄色，这就是蛋白质的黄色反应。

注意事项：

(1) 在制豆腐滤液前，一定要把豆腐捣碎，才能使钙离子溶解到水中。

(2) 由于豆腐中含有较多蛋白质，形成胶体，故过滤较慢。但蛋白质一般不易透过滤纸，所以滤液不会有黄色现象。

五、思考题

(1) 谈谈豆腐对人的好处。

(2) 如何提高人体对豆腐蛋白质的吸收？

实验16 用皂泡法检验硬水的硬度

一、实验目的

了解水硬度的测试方法。

二、实验原理

硬水中钙、镁离子含量高，使得硬度较高的水的表面张力低于硬度较低的水，因此在同样条件下，前者的起泡性低于后者。

三、主要仪器与试剂

1. 仪器

备塞试管。

2. 试剂

普通洗衣皂片，蒸馏水，碳酸氢钙稀溶液，碳酸钙悬浊液，矿泉水，实验室制备硬水。

四、实验步骤

(1) 将1g普通的洗衣皂片溶解在100mL酒精中，配成肥皂溶液。

(2) 取5mL蒸馏水或软化水注入试管，向水中加入一滴肥皂液，用塞子塞住试管口，用力振荡试管，若没有出现皂泡，再加入一滴肥皂溶液并振荡。继续滴加肥皂溶液并振荡直到有充足的皂泡产生。记录产生充足皂泡所需的肥皂液的滴数。

水样	蒸馏水	碳酸氢钙稀溶液	碳酸钙悬浊液	矿泉水	实验室制备硬水
皂液滴数					

五、思考题

(1) 长期只喝蒸馏水好不好？

(2) 什么硬度的水适合人体的需要？

实验17 红糖制白糖

一、实验目的

(1) 了解红糖制白糖的原理。

(2) 了解活性炭在脱色中的作用。

二、实验原理

红糖中含有一些有色物质，要制成白糖，须将红糖溶于水，加入适量活性炭，将红糖中的有色物质吸附，再经过滤、浓缩、冷却后便可得到白糖。

三、主要仪器与试剂

1. 仪器

烧杯，水浴锅。

2. 试剂

红糖，活性炭。

四、实验步骤

(1) 称取 5～10g 红糖放在小烧杯中，加入 40mL 水，加热使其溶解。

(2) 加入 0.5～1g 活性炭，并不断搅拌，趁热过滤悬浊液，得到无色液体。如果滤液呈黄色，可再加入适量的活性炭，直至无色为止。

(3) 将滤液转移到小烧杯里，在水浴中蒸发浓缩。当体积减少到原溶液体积的 1/4 左右时，停止加热。

(4) 从水浴中取出烧杯，自然冷却，有白糖析出。

五、思考题

(1) 了解工业上红糖制白糖的流程。

(2) 在实验步骤 (3) 中，对溶液进行浓缩的时候可不可以用酒精灯或电炉加热？为什么？

实验18 神奇的七个杯子

一、实验目的

了解碘在碱性溶液中的不稳定性以及其自身氧化还原反应与平衡的移动。

二、实验原理

本实验的原理主要基于如下平衡反应：

$$3I_2(\text{茶褐色})+6OH^- \rightleftharpoons 5I^-(\text{无色})+IO_3^-(\text{无色})+3H_2O$$

溶液为碱性时碘不稳定变成无色的碘离子与碘酸离子，平衡右移；而在非碱性条件下，由于氧化还原反应，反应左移。

三、主要仪器与试剂

1. 仪器

50mL 烧杯 7 个，胶头滴管 5 支，50mL 量筒一支。

2. 试剂

NaOH 溶液 (6mol/L)，HCl 溶液 (6mol/L)，0.2%酚酞指示剂，0.1%淀粉溶液指示剂，碘酒。

四、实验步骤

(1) 取烧杯 7 个，排成一列并编号，按图 3-1 中所示，分别滴入各溶液：

(2) 以 7 号杯子取蒸馏水半杯，将其一半倒入 6 号杯子。

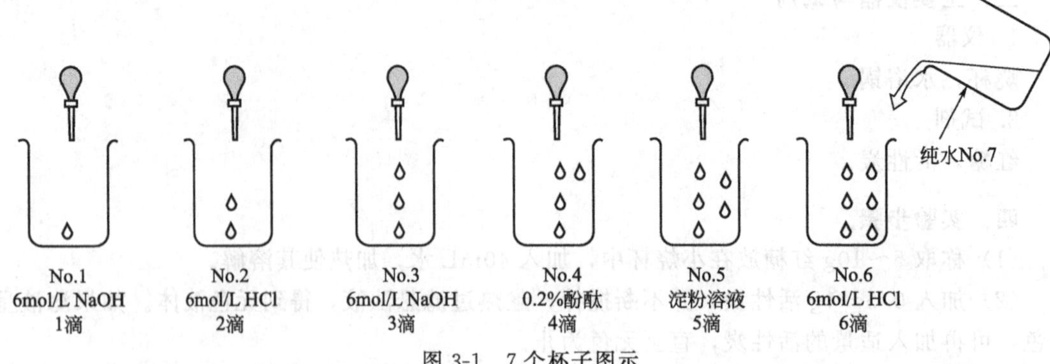

图 3-1 7 个杯子图示

(3) 向 7 号杯子中滴入碘酒数滴至水溶液呈茶褐色。

(4) 将 7 号的茶褐色溶液倒入 1 号杯子，即见颜色消失，得无色透明溶液。

(5) 将 1 号杯子的无色溶液倒入 2 号杯子，即见茶褐色复现，再倒入 3 号杯子，则茶褐色又消失。

(6) 再将 3 号杯子溶液的一半倒入 4 号杯子，则呈现粉红色，另一半倒入 5 号杯子仍为无色。

(7) 将 5 号的无色溶液倒入 6 号杯子，则溶液由无色逐渐变化，最后呈蓝紫色。

(8) 将 6 号的蓝紫色溶液的一半慢慢倒入 4 号粉红色溶液中，颜色即逐渐改变。

(9) 在 6 号杯子内的另一半溶液中，慢慢滴入 6mol/L 的 NOH 即颜色消失。

五、思考题

简述各步骤的变色原理。

实验19 振荡实验一

一、实验目的

(1) 了解振荡反应的原理。

(2) 体验化学振荡实验的新颖性、趣味性和知识性，激发学生学习化学的兴趣和热情。

二、实验原理

本实验的现象基于碱性葡萄糖还原亚甲基蓝的速率与空气氧化亚甲基蓝还原产物的速率不等而形成的。实验起始，过量的碱性葡萄糖把亚甲基蓝由蓝色还原为无色，摇晃瓶子后，空气中的氧气又把无色的亚甲基蓝的还原产物氧化回蓝色的亚甲基蓝，而后溶液中过量的葡萄糖又将蓝色亚甲基蓝还原为无色。

三、主要仪器与试剂

1. 仪器

锥形瓶或烧杯 1 个。

2. 试剂

1mol/L NaOH 溶液，30mL 1mol/L 葡萄糖溶液，10^{-3} mol/L 亚甲基蓝溶液。以上溶

液均用蒸馏水配制。

四、实验步骤

将 50mL 1mol/L NaOH 溶液、30mL 1mol/L 葡萄糖、3～5mL 10^{-3} mol/L 亚甲基蓝溶液及 15～17mL 蒸馏水分别注入锥形瓶并混合均匀。然后观察并记录现象。

在开始反应的 2～4min 内，溶液仍呈蓝色，接着蓝色逐渐消失，变为无色，并形成斑纹结构。如果剧烈摇晃锥形瓶或用玻璃管向溶液中吹气，锥形瓶中又出现同原来相似的蓝颜色，几分钟后，蓝色溶液又转变为无色。再次剧烈摇晃锥形瓶或烧杯，瓶中将再现蓝色，几分钟后蓝色溶液又变为无色。如此反复，实验能多次重复。

注意事项：

(1) 若再叠加其他指示剂，如加入酚酞试液还可以观察到更加有趣的颜色变化现象。

(2) 由于这个实验过程包含的是一种热力学平衡，在 2～3h 后这个实验现象就完全消失，此时已达到了极限状态。

五、思考题

振荡实验能否无止境地变色下去？试解释原因。

实验20　振荡实验二

一、实验目的

(1) 了解振荡反应的原理。

(2) 体验化学振荡实验的新颖性、趣味性和知识性，激发学生学习化学的兴趣和热情。

二、实验原理

在一定条件下，过氧化氢可以作为还原剂，又可以作为氧化剂。在本实验条件下（室温，淀粉溶液），过氧化氢在 Mn^{2+} 催化下分别跟碘酸钾、单质碘发生振荡反应，使溶液的颜色呈现周期性的变化（无色→琥珀色→蓝色），直至过氧化氢完全反应，溶液的颜色才不会再变化。上述颜色变化的反应机理很复杂，有人认为，可能的反应机理是：

$$5H_2O_2+2IO_3^-+2H^+ = 5O_2\uparrow+6H_2O+I_2$$ （在 Mn^{2+} 催化下）使淀粉溶液变蓝

$$I_2+5H_2O_2 = 2HIO_3+4H_2O$$ 使蓝色淀粉溶液褪色

$$\left.\begin{aligned}I_2+CH_2(COOH)_2 &= ICH(COOH)_2+I^-+H^+\\ I_2+ICH(COOH)_2 &= I_2C(COOH)_2+I^-+H^+\end{aligned}\right\}$$ 使溶液呈琥珀色

三、主要仪器与试剂

1. 仪器

烧杯（400mL 和 100mL 各一只），量筒（100mL 和 10mL 各一支），台秤，玻璃棒，酒精灯，石棉网，白纸片。

2. 试剂

4.3g 碘酸钾，4mL 2mol/L 硫酸溶液，41mL 30％的双氧水溶液，0.34g 硫酸锰晶体，

1.6g 丙二酸，0.03g 可溶性淀粉，蒸馏水。

四、实验步骤

1. 溶液的配制

（1）无色溶液 A：在 400mL 烧杯中加入 41mL 30% 的双氧水溶液，再加入 59mL 蒸馏水，用玻璃棒搅拌均匀，即为无色溶液 A。

（2）无色溶液 B：称取 4.3g 碘酸钾，放入到 100mL 烧杯中（为了配制方便，在此操作前，向烧杯里加入 100mL 的水，标出水面高度的记号后，倒出水），加入约 60mL 的蒸馏水，加热溶解，冷却后，再加入 4mL 2mol/L 硫酸溶液，用蒸馏水稀释到 100mL 的标记处，用玻璃棒搅拌均匀，即为无色溶液 B。

（3）无色溶液 C：称取 1.6g 丙二酸、0.34g 硫酸锰晶体，放入到 100mL 烧杯中（为了配制方便，在此操作前，向烧杯里加入 100mL 的水，标出水面高度的记号后，倒出水），用少量蒸馏水溶解，加入 10mL 含有 0.03g 可溶性淀粉的溶液，再用蒸馏水稀释到 100mL 的标记处，搅拌均匀，即为无色溶液 C（注意：玻璃棒在使用前最好先洗净擦干）。

2. 混合溶液

在盛有 100mL 无色溶液 A 的 400mL 烧杯底部垫一张白纸片（便于观察），向烧杯中同时加入 100mL 无色溶液 B 和 100mL 无色溶液 C，立即充分搅拌片刻。停止搅拌后，静置、观察实验现象，并将颜色周期性变化的时间记入表 3-3 中（每隔 10～20s 记一次）。

表 3-3 混合溶液的数据记录

周期	从“无色→琥珀色→蓝色→无色”的时刻/s		说明
1	起始时间：	结束时间：	
2	起始时间：	结束时间：	
3	起始时间：	结束时间：	
…			
结论：			

3. 记录振荡总时间

从 3 种溶液相混合开始，到不再发生振荡（即蓝色不再褪去，记下该蓝色出现的开始时刻）为止，共需要的时间为________________。

五、思考题

（1）了解振荡实验的历史背景，还有哪些著名的振荡实验？

（2）本实验过程中应该注意哪些问题？

实验21 牙膏的化学性质

一、实验目的

（1）通过对比几种品牌牙膏的化学性质来比较不同产品的效力。

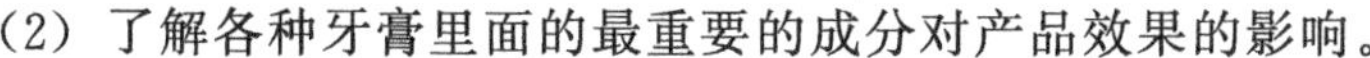

(2) 了解各种牙膏里面的最重要的成分对产品效果的影响。

二、主要仪器与试剂

1. 仪器

试管，试管架，实验室封口膜或试管塞，10mL 量筒，抹刀，铝箔，pH 试纸，氟测试纸，尺子，记号笔，棉签。

2. 试剂

5 种不同品牌或品种（如美白、控制牙垢、脱敏、预防色斑以及清新口气）的牙膏，蒸馏水。

三、实验步骤

(1) 在 5 个试管上贴标签 1～5 号。在数据表（见表 3-4）中写下要进行测试的 5 种牙膏的名称。数据表中的数字和试管要与所测试牙膏的种类相对应。

(2) 向每个指定的试管中放入 1～2mL 的牙膏，并把它们放到试管架上。在数据表中记录每种牙膏的外观和质感。

(3) 通过将一条 pH 试纸放入 1 号试管来测试牙膏的 pH 值。比较试纸和指示卡的颜色并在数据表中记录溶液的 pH 值。2～5 号试管重复以上动作。

(4) 将一个氟测试纸放入试管内，或通过测试抹刀上的少量牙膏，测试出 1 号牙膏的氟含量。比较试纸与指示卡，在数据表中记下氟含量。2～5 号样本重复以上步骤。

(5) 为了测试每种牙膏的研磨性，将一张铝箔放到一个平面上（有光泽的一面向上）并粘牢。用一把尺子和记号笔在铝箔上画出 $(2.5\times2.5)cm^2$ 的正方形。在正方形上标出 1～5 号数字。

(6) 测试 1 号牙膏的研磨性，在试管中蘸棉签，并把棉签在铝箔纸上 1 号正方形中来回摩擦 10 次。用纸巾或软布从铝箔纸上擦掉牙膏。在 2～5 号样本上重复以上动作。

(7) 观察 1～5 号正方形中铝箔纸的磨损情况。按等级 1～10 来排列每种研磨性（1 表示研磨性最强，并给铝箔造成很多损坏。10 表示研磨性最弱，未对铝箔造成损坏）。在数据表中记录每种牙膏的研磨性。

(8) 测试 1 号牙膏的泡沫情况，在量筒中量出 2mL 的蒸馏水加入 1 号试管，并用试管塞或封闭膜来封闭顶部。用力摇晃 30s。在样本 2～5 号重复以上动作。

(9) 按等级 1～10 来排列每种样本的发泡性（1 代表无泡沫，10 代表泡沫非常丰富）。在数据表中记录发泡情况。

表 3-4　数据表

试管	牙膏	外观	pH 值	氟化物	抗磨性	发泡性
1						
2						
3						
4						
5						

四、思考题

(1) 哪种牙膏是酸性的？哪种是碱性的？哪种含氟最多？哪种抗磨性最好？哪种发泡最

多？解释做出这些判断的原因。

（2）将此实验结果与其他各种牙膏的不同成分进行比对，这些成分是如何影响改变着不同牙膏的品质的？

实验22 制作肥皂

一、实验目的

（1）了解制作肥皂的原理与过程。

（2）比较不同肥皂的洗涤效果。

二、实验原理

肥皂的制造过程主要包含一种被称为皂化的中和反应。在中和反应中，酸和碱发生反应生成水和盐。皂化过程将略带酸性的油和强碱作用产生具有独特洗涤作用的盐。

反应方程式：

$$(C_{17}H_{35}COO)_3C_3H_5+3NaOH \xrightarrow{\triangle} 3C_{17}H_{35}COONa+C_3H_5(OH)_3$$

根据所使用的油的不同以及在肥皂变硬之前加入添加剂的不同，肥皂可以有不同的性质和特点，如不同的气味、颜色等。在这个实验中，将会选择油脂、色素及香料，并通过皂化过程制造肥皂。

三、主要仪器与试剂

1. 仪器

烧杯，温度计，电子天平，模具，试管。

2. 试剂

氢氧化钠（CP），菜籽油，玉米油，各种芳香油（如精油、柑橘油和薄荷精油），食用色素，蒸馏水，酚酞指示剂。

四、实验步骤

（1）将一个小烧杯放到电子天平上，仔细称出140g的氢氧化钠。

（2）使用量杯测量325mL蒸馏水，将蒸馏水倒入一个大烧杯中。

（3）小心向水中添加氢氧化钠，轻轻搅拌，直到所有的氢氧化钠都溶解。

（4）用吸管取出碱液混合物的样本并放入试管中，加入1滴酚酞指示剂，记录试管中溶液颜色的变化。

（5）将温度计放置到装有碱混合液的烧杯中，然后将烧杯放到一旁备用。

（6）确定好制作肥皂所用的油。可以混合和匹配油，但所用的油的总量是880mL。

（7）当油混合液和碱混合液都冷却到室温时，慢慢将碱混合液加入油混合液并不停搅拌。搅拌混合液直到其混合均匀并变浓。

（8）向肥皂混合液中加1～2滴芳香油并使之混合，还可向混合液加1～4滴染色剂，充分混合使颜色均匀。

（9）将少量肥皂混合液涂在刮铲上并放入试管。加入1滴酚酞指示剂，如果指示剂颜色保持不变或者变为淡粉色，表明这种肥皂用于皮肤就是安全的；如果变为亮粉色，就说明这种肥皂用于皮肤碱性太强，它可用于洗衣或用作清洗剂。

五、思考题

在此实验中，如果使用过多碱液会发生什么情况？使用过少呢？

实验23　制作简单的黏合剂

一、实验目的

(1) 了解如何用家用的牛奶制作一种简单的黏合剂。

(2) 测试及比较所制作的黏合剂黏合不同材料的效果。

二、实验原理

白醋中含有醋酸，易使牛奶中的胶体混合物生成沉淀，使牛奶中的蛋白质变性，把过滤出的白色沉淀，加入小苏打，通过增加沉淀的黏度，生成有黏性的物质。

三、主要仪器与试剂

1. 仪器

小炖锅，电热板，细眼滤网，烧杯，量匙。

2. 试剂

水，1杯脱脂牛奶，白醋，小苏打（CP）。

四、实验步骤

(1) 将牛奶倒入炖锅，并搅入30mL白醋。把炖锅放在加热板上用小火加热，同时慢慢搅动。当牛奶中出现固体白色团状物时关火。

(2) 把滤器或滤网放在大碗上面，从炖锅向滤器中小心倒入奶醋混合物，用5min左右倒净。液体倒净后，用汤匙把固体物盛回到炖锅里。把液体倒掉后，并用温和的香皂水洗净碗和滤器。

(3) 在固体固状物上撒入15mL小苏打，并搅动此混合物，边搅动，边分次向混合物中加几滴水，固体应该开始变成液体。继续搅动，继续加水，直到整个混合物成为黏稠的液体，这个黏合剂就做好了。

(4) 用食指尖浸入刚做好的混合胶中，再与拇指相触碰来观察它的感觉。冲洗手指，然后用混合物把2个压舌板黏合在一起。再用它把索引片黏合到纸上，把2枚硬币粘在一起，把塑料杯底粘到塑料盘上。让这些物品黏合后晾干24h，然后测试一下，看黏合剂的效果如何。尝试将所黏合的物品彼此分开，观察其结果。

五、思考题

(1) 手指触摸时，混合胶的感觉如何？

(2) 胶干了后，什么物品黏合得最坚固？

(3) 根据实验，考虑应将白胶应用于哪些材料？

实验24 玻璃棒点火

一、实验目的

了解玻璃棒点火的原理。

二、实验原理

高锰酸钾和浓硫酸反应产生氧化能力极强的棕色油状液体七氧化二锰。它一碰到酒精立即发生强烈的氧化还原反应，放出的热量使酒精达到着火点而燃烧。

$$2KMnO_4+H_2SO_4 = K_2SO_4+Mn_2O_7+H_2O$$

$$2Mn_2O_7 = 4MnO_2+3O_2\uparrow$$

$$C_2H_5OH+3O_2 \longrightarrow 2CO_2+3H_2O$$

三、主要仪器与试剂

1. 仪器

玻璃棒，玻璃片，酒精灯。

2. 试剂

98%浓硫酸（AR），高锰酸钾（AR）。

四、实验步骤

安全预防：98%浓硫酸、高锰酸钾具有强腐蚀性，在溶解过程中防止爆炸。酒精易燃，避免明火。

（1）用药匙的小端取少许研细的高锰酸钾粉末，放在玻璃片上并堆成小堆。

（2）将玻璃棒先蘸一下浓硫酸，再粘一些高锰酸钾粉末。接着接触一下酒精灯的灯芯，灯芯就立即燃烧起来，一次可点燃四五盏酒精灯。

注意事项：七氧化二锰很不稳定，在0℃时就可分解为二氧化锰和氧气。因此玻璃棒蘸浓硫酸和高锰酸钾后，要立即点燃酒精灯。否则时间一长，七氧化二锰分解完，就点不着酒精灯了。

实验25 火灭画现

一、实验目的

了解火灭画现实验过程的原理。

二、实验原理

画片经过硼砂和明矾溶液处理过后，在画面上就有一层不易燃烧的保护层。火药棉燃烧

迅速，所以画片不会烧坏。

三、主要仪器与试剂

1. 仪器

100mL 烧杯，毛笔，刷子，玻璃棒，玻璃板，彩色画片。

2. 试剂

硼砂浓溶液，明矾饱和溶液，火药棉，丙酮（AR），铝粉。

四、实验步骤

（1）取一张彩色画片，用毛笔在画片上涂一层硼砂溶液，晾干后涂一层明矾溶液，再晾干后备用。

（2）将火药棉放在小烧杯里加入丙酮和铝粉，调匀。然后把火药棉的丙酮浓稠的液体刷在玻璃板上，刷的面积比画片略大一些。重复刷 3～4 遍，干后揭下贴在画片上。

（3）这时用火柴点燃火药棉。当火药棉迅速烧完时，美丽的画面就出现在眼前。

实验26 水中花园

一、实验目的

（1）了解难溶物质的溶度积规则。

（2）理解半透膜的渗透压原理。

二、实验原理

金属盐固体颗粒投入硅酸钠溶液中时，溶解在水里的金属离子会迅速与硅酸根反应生成各种不同颜色的硅酸盐胶体沉淀（大多数硅酸盐难溶于水），例如：

$$CuSO_4 + Na_2SiO_3 = CuSiO_3\downarrow + Na_2SO_4$$

$$MnSO_4 + Na_2SiO_3 = MnSiO_3\downarrow + Na_2SO_4$$

$$CoCl_2 + Na_2SiO_3 = CoSiO_3\downarrow + 2NaCl$$

生成的硅酸盐沉淀与液体的接触面形成半透膜，这层半透膜可以让膜内的空间中更多的金属离子无法到达膜外，但水分子却可以自由进出。由于渗透压的关系，水不断渗入膜内，胀破半透膜使盐又与硅酸钠接触，生成新的胶状金属硅酸盐。反复渗透，硅酸盐生成芽状或树枝状。

三、主要仪器与试剂

1. 仪器

玻璃容器，烧杯，镊子，量筒，玻璃棒，托盘天平。

2. 试剂

Na_2SiO_3（s）、$CuSO_4$（s）、$CoCl_2$（s）、$ZnCl_2$（s），$FeCl_3$（s），$NiSO_4$，细沙、碎石。

四、实验步骤

安全预防：重金属盐有毒，小心使用。

(1) 在玻璃容器的底部铺一层约 1cm 厚的洗净的细沙，再放置一些洗净的像假山的石头等。用托盘天平称取约 30g Na_2SiO_3 固体加入烧杯中，加入 200mL 蒸馏水，用玻璃棒搅拌直至 Na_2SiO_3 完全溶解。将配制好约 15%Na_2SiO_3 溶液转移入玻璃容器中，使溶液深度约为 5～10cm，静置。

(2) 用镊子把直径 3～5mm 的硫酸铜、硫酸锰、氯化钴、氯化锌、氯化铁、硫酸镍等盐的晶体投入 Na_2SiO_3 溶液内，放置在槽底细砂上不同位置处。静置后等待观察，可以看到投入的盐的晶体逐渐生出蓝白色、肉色、紫红色、白色、黄色、绿色的芽状、树状的“花草”。

五、思考题

(1) 实验中生成的硅酸盐半透膜具有什么特性，举例说明半透膜在生活中的应用？

(2) 不同的金属离子呈现不同的颜色，你知道是为什么吗？

实验27 自制天气瓶

一、实验目的

(1) 了解物质的溶解度随温度变化的规律。

(2) 理解物质相似相溶的原理。

二、实验原理

瓶内的结晶变化是由于樟脑在乙醇溶液中的溶解度会随着温度发生变化。加入硝酸钾、氯化铵和水是为了使结晶过程晶核分散。温度改变时，樟脑的结晶析出，温度的变化速度则会影响结晶的成长大小与结构。这些因素综合作用，导致瓶内的樟脑晶体形态呈现万千美丽变化。

三、主要仪器与试剂

1. 仪器

托盘天平，水浴锅，量筒，玻璃容器。

2. 试剂

樟脑，NH_4Cl (s)，KNO_3 (s)，乙醇。

四、实验步骤

(1) 溶解樟脑：将 10g 樟脑用 50mL 的 75%乙醇溶解，并将溶解完全的樟脑乙醇溶液转移入玻璃容器中。

(2) 配制溶液：将 2.5g KNO_3 和 2.5g NH_4Cl 溶解于 20mL 蒸馏水中，将溶解完全的溶液转移至盛有樟脑乙醇溶液的玻璃容器中。

(3) 将上述盛装溶液的玻璃容器放置于水浴中进行加热，加热同时用玻璃棒搅拌至絮状物完全溶解。

(4) 将玻璃容器取出，静置冷却、自然结晶。

五、思考题

(1) 实验中用到的 KNO_3 和 NH_4Cl 溶解度随温度变化的规律是什么？

(2) 溶解樟脑需要用 75%的乙醇溶液，只用水溶液是否可行，为什么？

实验28 茶叶中咖啡因的提取

一、实验目的

(1) 学习提取生物碱的基本原理和实验方法。

(2) 掌握脂肪抽出器的使用及升华操作技术。

二、实验原理

茶是人们喜爱的天然饮料。茶叶中含有多种生物碱，其中以咖啡因（又称咖啡碱）为主，占 1%～5%；丹宁酸（鞣酸）占 11%～12%；色素、纤维素和蛋白质等约占 0.6%。咖啡因具有刺激心脏、兴奋大脑神经和利尿等作用，主要用做中枢神经兴奋药。咖啡因属于杂环化合物嘌呤的衍生物，学名为 1,3,7-三甲基-2,6-二氧嘌呤。

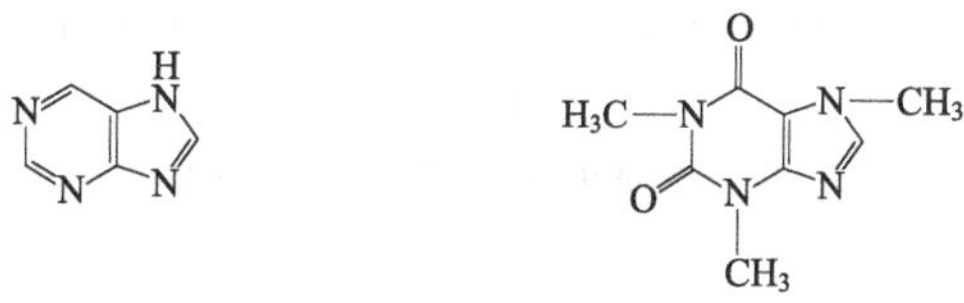

嘌呤　　咖啡因(1, 3, 7-三甲基-2, 6-二氧嘌呤)

含结晶水的咖啡因为无色或白色针状结晶，味苦，能溶于氯仿、水、乙醇和苯等。在 100℃时失去结晶水并开始升华，120℃时升华显著，178℃时升华很快。因此，先用适当溶剂从茶叶中提取出粗品，再用碱除去单宁酸等杂质，最后用升华的方法进一步纯化。

三、主要仪器与试剂

1. 仪器

微型球形脂肪抽出器，玻璃漏斗，蒸发皿，水浴锅，沙浴。

2. 试剂

茶叶末，乙醇（95%），生石灰。

四、实验步骤

安全预防：乙醇易燃，避免明火。使用沙浴温度较高，避免烫伤。

实验装置如图 1-8 中的 1 所示。

(1) 称取茶叶末 1g，放入脂肪抽出器[1] 或固液提取器的滤纸套筒中，在圆底烧瓶内加入 15mL 95%乙醇，用水浴加热，连续提取 30min，当提取液变得很淡且提取器内的液体刚被虹吸下去时，立即停止加热。然后改成蒸馏装置，蒸馏回收提取液中的大部分乙醇。再把残留液倾入蒸发皿中，拌入 0.5g 生石灰粉[2] 在蒸汽浴上蒸干乙醇[3]，最后将蒸发皿放在石棉网上，用小火焙炒片刻，务使水分全部除去，冷却后，擦去沾在边上的粉末，以免在升华时污染产物。

(2) 取一只合适的玻璃漏斗，漏斗颈部疏松地塞一小团棉花，将其罩在隔着刺有许多小孔滤纸的蒸发皿上，用沙浴小心加热升华［如图 2-54(a) 装置］[4]，控制沙浴温度在 220℃左右。当滤纸上出现白色毛状结晶时，暂停加热，冷至 100℃左右。揭开漏斗和滤纸，仔细地把附在滤纸上及器皿周围的咖啡因用小刀刮下。残渣经拌和后重新盖上漏斗，用较大的火再加热片刻，使升华完毕。当出现褐色烟雾时应立刻停止加热，否则升华产物受污染，也受损失。合并两次收集的咖啡因，称量，产品 20～30mg，测其熔点。

(3) 无水咖啡因的熔点为 234～237℃。咖啡因是弱碱性物质，可以通过制备咖啡因水杨酸盐（熔点 137℃）进一步确认。还可以通过红外光谱的测定与标准品进行比较。咖啡因的标准红外光谱图如图 3-2 所示。

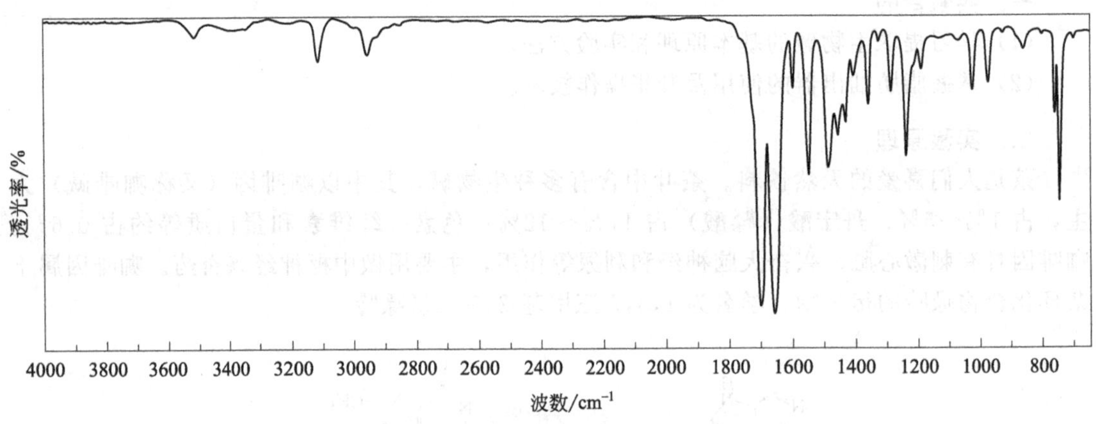

图 3-2 咖啡因的标准红外光谱图

注释：

[1] 脂肪抽出器中滤纸套的大小既要紧贴器壁，又要拿取方便，其高度不得超过虹吸管。纸套上面折成凹形，以保证回流液均匀浸润被萃取物。

[2] 生石灰起吸水和中和作用，以除去部分酸性杂质（如将丹宁酸、没食子酸转变成钙盐除去）。

[3] 在蒸干过程中要不断搅拌，并压碎块状物。

[4] 在萃取回流充分的情况下，升华操作的好坏是实验成败的关键。在升华过程中，始终都必须用小火间接加热。温度太高会使滤纸炭化变黑，并把一些有色物质烘出来，使产品不纯。

五、思考题

(1) 什么叫升华？你能说出哪些升华装置？

(2) 哪些物质可以用升华法提纯？进行升华操作应注意哪些问题？

(3) 脂肪抽出器的萃取原理是什么？它比一般浸泡萃取有哪些优点？

(4) 从茶叶中提取的咖啡因有时带有绿色光泽，为什么？

实验29 废铝变明矾晶体

一、实验目的

(1) 了解铝和氧化铝的两性特性。

(2) 学习实际物品作为原料的处理方法。

(3) 练习和掌握溶解、过滤、结晶、沉淀转移和洗涤等无机制备中常用的基本操作。

二、实验原理

铝是一种两性元素，既与酸反应，又与碱反应。将其溶于浓氢氧化钠溶液，生成可溶性的四羟基合铝（Ⅲ）酸钠（$Na[Al(OH)_4]$），再用稀 H_2SO_4 调节溶液的 pH 值，可将其转化为氢氧化铝；氢氧化铝可溶于硫酸，生成硫酸铝。硫酸铝能同碱金属硫酸盐如硫酸钾在水溶液中结合成一类在水中溶解度较小的同晶复盐，称为明矾 [$KAl(SO_4)_2 \cdot 12H_2O$]。当冷却溶液时，明矾则结晶出来。制备中的化学反应如下：

$$2Al + 2NaOH + 6H_2O = 2Na[Al(OH)_4] + 3H_2\uparrow$$

$$2Na[Al(OH)_4] + H_2SO_4 = 2Al(OH)_3\downarrow + Na_2SO_4 + 2H_2O$$

$$2Al(OH)_3 + 3H_2SO_4 = Al_2(SO_4)_3 + 6H_2O$$

$$Al_2(SO_4)_3 + K_2SO_4 + 24H_2O = 2KAl(SO_4)_2 \cdot 12H_2O$$

废旧易拉罐的主要成分是铝，因此本实验中采用废旧易拉罐代替纯铝制备明矾，也可采用铝箔等其他铝制品。

三、主要仪器与试剂

1. 仪器

烧杯，量筒，普通漏斗，玻璃漏斗，布氏漏斗，抽滤瓶，表面皿，蒸发皿，水浴锅，电子台秤。

2. 试剂

H_2SO_4 溶液（3mol/L），H_2SO_4 溶液（1∶1），NaOH（s），K_2SO_4（s），易拉罐或者其他铝制品（实验前充分剪碎），pH 试纸（1-14），无水乙醇。

四、实验步骤

(1) 四羟基合铝（Ⅲ）酸钠（$Na[Al(OH)_4]$）的制备：在电子台秤上快速称取固体氢氧化钠 1g，迅速将其转移至 100mL 烧杯中，加 20mL 水溶解。称 0.5g 剪碎的易拉罐，将烧杯置于 70℃水浴中加热（反应剧烈，防止溅出），分次将易拉罐碎屑放入溶液中。待反应完毕后，趁热用普通漏斗过滤。

(2) 氢氧化铝的生成和洗涤：在上述四羟基合铝（Ⅲ）酸钠溶液中加入 4mL 左右的 3mol/L H_2SO_4 溶液（应逐滴加入），调节溶液的 pH 值为 7～8，此时溶液中生成大量的白色氢氧化铝沉淀，用布氏漏斗抽滤，并用蒸馏水洗涤沉淀。

(3) 明矾的制备：将抽滤后所得的氢氧化铝沉淀转入蒸发皿中，加 5mL 1∶1 H_2SO_4 溶液，再加入 7mL 水溶解，加入 2g 硫酸钾加热至溶解（水浴 70℃），将所得溶液在空气中自然冷却后，加入 3mL 无水乙醇，待结晶完全后，减压过滤，用 5mL 1∶1 的水-乙醇混合溶液洗涤晶体两次，将晶体用滤纸吸干，称重，计算产率。

五、思考题

(1) 易拉罐为什么需要充分剪碎？

(2) 抽滤装置是什么样的，为什么抽滤速度比普通漏斗过滤要快？

(3) 明矾有什么用途？举几个实例。

实验30 蔬菜染色再生纸制作

一、实验目的

(1) 通过再生纸制作了解造纸工艺的一般性方法，增强可持续发展意识。

(2) 通过掌握天然色素的提取方法，加深对天然色素的科学认识，增强对生活中的化学以及绿色化学的理解。

二、实验原理

纤维素是由成千上万重复的多羟基葡萄糖（$C_6H_{12}O_6$）单元组成，其特征是每个葡萄糖单元有三个羟基，可赋予生物大分子高度的功能性，具有可再生、可生物降解、无毒等特点。此外，纤维素分子内与分子间都存在着多个氢键，这些氢键结构起着支撑纤维素以及组合纤维素形成纤维束的作用，纤维束之间相互缠绕构成纸张的主要结构。纸张在遇水后纤维素分子间的氢键会发生断裂，纤维素分子上的羟基与水分子形成氢键，故而具有吸水特性。纸张经粉碎成浆、再次抄纸后断裂的氢键可重新连接，即形成再生纸，纸张的这种特性也决定了其优良的可再生特性。

天然色素是由植物、动物或微生物产生的生色化合物，包括叶绿素（黄绿色、蓝绿色），类胡萝卜素（黄色、橙色、红色），藻青蛋白（蓝色），花青素（红色、紫色、蓝色）和甜菜碱（红色）等多种类型，是优良的纸张染色剂。紫甘蓝中蕴含的花青素是以花青素、天竺葵素和牡丹素为基础的糖苷组成的富含羟基的水溶性色素。

三、主要仪器与试剂

1. 仪器

循环水式真空泵，超声波清洗机，榨汁机，吹风机。

2. 试剂

无水乙醇（AR），盐酸（AR），可溶性淀粉（AR），实验用去离子水，废旧打印纸，定性滤纸，抄纸框（18cm×15cm），铝箔纸，菠菜、胡萝卜、紫甘蓝，实验所用蔬菜均经去离子水多次洗涤、烘干后使用。

四、实验步骤

(1) 原色纸浆的制备：称取 2.0g 废旧打印纸，用剪刀剪成细条状；加入 100mL 热水，浸泡 30min 后用榨汁机将其搅碎；再向其中加入 1g 水溶性淀粉，继续搅拌 1min 制得纸浆。

（2）紫甘蓝中色素的提取：称取 20g 紫甘蓝叶，经榨汁机打碎后；加入 100mL 盐酸水溶液（0.3mol/L），在常温条件下超声处理 60min（超声功率 100W）；经抽滤后，得到玫红色的紫甘蓝提取液。

（3）紫甘蓝染色再生纸的制作：将原色纸浆倒入盛有大约 3L 水的盆中，搅拌均匀后用抄纸框抄纸；用吹风机干燥，得到原色再生纸。将其浸入紫甘蓝提取液中，浸泡 2h 后用吹风机干燥，得到玫红色的紫甘蓝染色再生纸。

五、思考题

（1）为什么染色后的再生纸长期暴露在空气中颜色会变浅？

（2）还可以用哪些蔬菜来给再生纸染色？

实验31　橙皮精油的提取

一、实验目的

（1）学习从橙皮中提取精油的原理和方法。

（2）了解并掌握过滤、离心的原理和基本操作。

二、实验原理

精油是从植物的花、叶、茎、根或果实中，通过水蒸气蒸馏法、冷榨法或溶剂提取法提炼萃取的挥发性芳香物质。大部分具有令人愉快的香味，主要组成为单萜类化合物。橙油是一种常见的天然香精油，主要存在于柠檬、橙子和柚子等水果的果皮中。橙油中含有多种分子式为 $C_{10}H_{16}$ 的物质，它们均为无色液体，沸点、折射率都很相近，多具有旋光性，不溶于水、溶于乙醇和冰醋酸。橙油的主要成分（90%以上）是柠檬烯，它是一种环状单萜类化合物。本实验采用冷榨法将橙皮中的芳香油压榨出来，经分离水分后可得到冷压精油。

三、主要仪器与试剂

1. 仪器

榨汁机，循环水式真空泵，离心机，抽滤瓶，布氏漏斗，烧杯，试管。

2. 试剂

氢氧化钙，小苏打，硫酸钠。

四、实验步骤

（1）将浸泡后的橙皮，用流动的水漂洗，洗净后捞起，沥干。切记一定要将橙皮彻底冲洗干净。然后将橙皮粉碎至 3mm 大小，放入榨汁机中粉碎。为了使橙皮中油和水容易分离，粉碎时加入橙皮质量 0.25%的小苏打和 5%的硫酸钠，调节 pH 为 7～8。

（2）榨出的油水混合物用抽滤的方法进行过滤，除去糊状残渣，再将得到的混合液用 8000r/min 的转速进行高速离心分离。再用分液漏斗或者吸管将上层的橙油分离出来。

（3）分离出的香精油往往带有少量水分和蜡质等杂质，为了进一步除去杂质，可以将分离的产品放在 5～10℃的环境下静置 5～7 天，让杂质下沉。用吸管吸出上层澄清的油层可得到最终橙皮精油。

五、思考题

(1) 压榨液中含有较多杂质，为加快沉淀速度，可以采取什么办法？

(2) 如何提高精油的出油率？

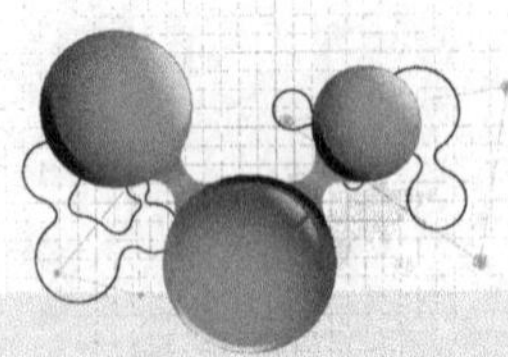

参考文献

[1] 郑静, 汪敦佳, 王国宏. 固体酒精的制备 [J]. 湖北师范学院学报: 自然科学版, 2005, 25 (2): 67-69.

[2] 楚伟华, 方永奎, 李雪峰等. 优质固体酒精的研制与性能实验 [J]. 山东化工, 2005, 34 (4): 11-13.

[3] 翟广玉, 赵云龙, 樊卫华等. 高熔点固体酒精的制备 [J]. 实验室研究与探索, 2011, 30 (8): 25-27, 35.

[4] 熊言林. 一个奇妙的化学振荡实验新设计 [J]. 化学教育, 2008, 10: 44-46.

[5] 帕梅拉·沃克, 伊莱恩·伍德. 化学科学实验 [M]. 上海: 上海科学技术文献出版社, 2012.

[6] 帕梅拉·沃克, 伊莱恩·伍德. 人造材料科学实验 [M]. 上海: 上海科学技术文献出版社, 2012.

第四章 趣味化学文献设计实验

文献设计实验是指学生根据实验课的题目与要求，通过查阅相关文献，全面了解课题的背景知识，确定具体实验项目，自行设计实验方案和步骤，并撰写文献实验报告的一种实验。通过文献设计实验可以培养学生查阅文献资料获取信息的能力，根据具体目的与要求设计实验的能力，总结、归纳的能力，撰写论文的能力及从事科学研究的初步能力等。

文献设计实验选题广泛，一般涉及多门学科的理论知识，所确定的课题与兴趣、生活、生产实际等有较大联系。根据情况，文献设计实验的题目可以是教师指定，也可以是学生结合当前的研究热点、日常生活、兴趣爱好、生产实际等自己选择题目。

实验1 珠宝玉石的鉴定

一、背景知识

据考古研究发现中国是世界上最早利用宝石、玉石的国家之一。距今约 50 多万年（旧石器时代早期），生活在北京周口店附近的北京猿人就开始利用宝石矿物（如水晶、石英、玉髓、蛋白石等）来制作石器。而距今约 8000 年（新石器时代早期），辽宁阜新查海遗址出土的软玉玉玦，是目前世界上已知最早的玉器。宝石以其瑰丽柔美、色彩斑斓、晶莹剔透、坚硬耐久、美丽动人、神秘莫测而惹人喜爱。同时，宝石又能给人以精神上、视觉上的享受。自古以来，宝石就一直被人们视为圣洁之物。过去宝石多被王公贵族、高官巨富所占有，是身份、权力、地位和富有的象征，平民百姓难得拥有。如今，宝石已进入寻常百姓家庭，并以它特有的魅力装点着人们的生活，成为人们佩戴、陈设的一种高雅饰品。

珠宝玉石是指可以用来做装饰品、工艺品或纪念品的各种（含）岩石矿物材料，是对天然珠宝玉石（包括天然宝石、天然玉石和天然有机宝石）和人工宝石（包括合成宝石、人造宝石、拼合宝石和再造宝石）的统称，简称宝石。迄今为止，已发现的矿物有 3000 多种，其中 200～300 种可成为宝石，而市场上常见流通的宝石也就是 20～30 种，所以宝石只是矿物中很少的一部分，是在特殊地质条件下形成的精华。

天然珠宝玉石由自然界产出，可加工成装饰品的物质统称为天然珠宝玉石，包括天然宝石、天然玉石和天然有机宝石。①天然宝石由自然界产出，具有美观、耐久、稀少性，可加工成装饰品的矿物的单晶体（可含双晶）。常见的天然宝石有钻石、红宝石、蓝宝石、祖母绿、海蓝宝石、猫眼石、变石、碧玺、尖晶石、锆石、托帕石、橄榄石、石榴石、水晶、紫晶、月光石、天河石、拉长石、方柱石、坦桑石、磷灰石、锂辉石、堇青石、红柱石、空晶石等。②天然玉石由自然界产出，是具有美观、耐久、稀少性和工艺价值的矿物集合体，少数为非晶质体。常见的玉石有翡翠、软玉、欧泊、绿松石、青金石、玛瑙、玉髓、东陵石、木变石、岫玉、独山玉、孔雀石、大理石、寿山石、天然玻璃、鸡血石、青田石等。③天然有机宝石由自然界生物生成，部分或全部由有机物质组成，可用于首饰及装饰品的材料为天然有机宝石。养殖珍珠（简称“珍珠”）也归于此类。常见的有机宝石有琥珀、珍珠、珊瑚、煤精、象牙、龟甲等。

人工宝石完全或部分由人工生产或制造，用作首饰及装饰品的材料统称为人工宝石，包括合成宝石、人造宝石、拼合宝石和再造宝石。①合成宝石完全或部分由人工制造且自然界有已知对应物的晶质或非晶质体，其物理性质、化学成分和晶体结构与所对应的天然珠宝玉石基本相同。常见的有合成钻石、合成红宝石、合成蓝宝石、合成祖母绿、合成变石、合成尖晶石、合成欧泊、合成水晶、合成金红石、合成绿松石、合成碳硅石、合成立方氧化锆等。②人造宝石由人工制造且自然界无已知对应物的晶质或非晶质体称人造宝石。常见的有钇铝榴石、钆镓榴石、钛酸锶、塑料、玻璃等。③拼合宝石由两块或两块以上材料经人工拼合而成，且给人以整体印象的珠宝玉石称拼合宝石，简称“拼合石”。如蓝宝石、合成蓝宝石拼合石、锆石拼合石、拼合珍珠、拼合欧泊等。④再造宝石通过人工手段将天然珠宝玉石的碎块或碎屑熔接或压结成具整体外观的珠宝玉石。常见的有再造琥珀、再造绿松石等。

用于模仿天然珠宝玉石的颜色、外观和特殊光学效应的人工宝石，以及用于模仿另外一种天然珠宝玉石的天然珠宝玉石可称为仿宝石。如：“仿祖母绿”、“仿珍珠”等。仿宝石不代表珠宝玉石的具体类别。

从晶体化学的角度，宝石矿物可划分为自然元素类、氧化物类和含氧盐类。①自然元素类以单元素成分形式存在的宝石，如钻石。②氧化物类是一系列金属和非金属元素与氧离子化合而成的化合物。如成分为 Al_2O_3 的红宝石和蓝宝石，成分为 SiO_2 的宝石紫晶、黄晶、水晶、烟晶、芙蓉石、玉髓、欧泊、蛋白石等。属于复杂氧化物的宝石矿物有尖晶石 $(Mg,Fe)Al_2O_4$ 和金绿宝石 $BeAl_2O_4$ 等。③大部分宝石矿物属于含氧盐类，其中又以硅酸盐类矿物居多，宝石矿物中硅酸盐类矿物约占一半，还有少量宝石矿物属磷酸盐和碳酸盐类。硅酸盐类如橄榄石、石榴石、翡翠、托帕石、碧玺、岫玉等；磷酸盐类如磷灰石和绿松石等；碳酸盐类如孔雀石、方解石、菱锰矿等。

用作珠宝玉石的矿物必须具备一些基本条件。①颜色鲜艳、均匀、纯正，能令人赏心悦目。②透明无瑕（或少瑕）而又光泽灿烂（一般为金刚光泽至玻璃光泽），或透明度虽低，却有某种特殊的光学效应（例如星光效应、猫眼效应、变色效应、月光效应、变彩效应、金星效应、发光效应等）。③具较高的硬度（摩氏硬度一般在7以上），个别有奇特光学现象的宝石（如欧泊、珍珠等）可以有较低的硬度。④具有一定的化学稳定性和热稳定性。⑤有一定的块度和质量。不同种类的宝石，其质量下限不同，如钻石应不低于0.25克拉（ct，1ct=0.2g），优质红宝石和蓝宝石应不低于0.3克拉。⑥具有良好的加工性能（可琢磨性和可抛光性）。⑦产量供应相对稳定。

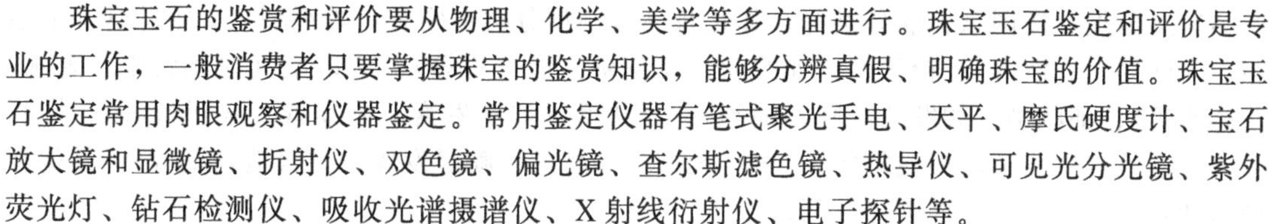

珠宝玉石的鉴赏和评价要从物理、化学、美学等多方面进行。珠宝玉石鉴定和评价是专业的工作，一般消费者只要掌握珠宝的鉴赏知识，能够分辨真假、明确珠宝的价值。珠宝玉石鉴定常用肉眼观察和仪器鉴定。常用鉴定仪器有笔式聚光手电、天平、摩氏硬度计、宝石放大镜和显微镜、折射仪、双色镜、偏光镜、查尔斯滤色镜、热导仪、可见光分光镜、紫外荧光灯、钻石检测仪、吸收光谱摄谱仪、X射线衍射仪、电子探针等。

二、目的与要求

(1) 了解各类珠宝玉石的产地，有关珠宝玉石的文化（如珠宝玉石的习俗），知道世界著名珠宝玉石的品牌。

(2) 查阅文献资料，了解珠宝玉石的矿物原料及化学成分、结构、基本性质、加工工艺、定名规则。

(3) 学习珠宝玉石的鉴定方法，了解珠宝玉石鉴定的国家标准，珠宝玉石的等级划分和国内具有珠宝玉石鉴定资质的机构。

(4) 学会通过肉眼观察的方法来确定珠宝玉石的颜色、形状、透明度、光泽、特殊光学效应、解理、断口以及某些内、外部特征的一些知识。

(5) 了解珠宝玉石价值（包括审美价值和商品价值）的构成因素（如审美因素、耐久因素、稀有因素、需求因素、传统心理因素以及其他因素）及购买珠宝玉石时的有关注意事项。

(6) 选择一种珠宝玉石，了解其化学成分和物理性质，确定一种或多种鉴定方法，设计鉴定方案。

(7) 写一篇文献实验报告。

实验2　化妆品的安全性评价

一、背景知识

“爱美之心人皆有之”，人类对美化自身的化妆品，自古以来就有不断的追求。化妆品的历史几乎可以推算到自人类的存在开始。在公元前5世纪到公元7世纪期间，各国有不少关于制作和使用化妆品的传说和记载，如古埃及人用黏土卷曲头发，古埃及皇后用铜绿描画眼圈，用驴乳浴身，古希腊美人亚斯巴齐用鱼胶掩盖皱纹等等，还出现了许多化妆用具。中国古代也喜好用胭脂抹腮，用头油滋润头发，衬托容颜的美丽和魅力。化妆品的发展历史，大约经历了五个阶段（也称五代）：古代化妆品时代、矿物油时代、天然成分时代、零负担时代和基因时代。

各国对化妆品的定义不尽相同，按我国《化妆品标识管理规定》，化妆品是指以涂抹、喷洒或者其他类似方法，散布于人体表面的任何部位，如皮肤、毛发、指趾甲、唇齿等，以达到清洁、保养、美容、修饰和改变外观，或者修正人体气味，保持良好状态为目的的化学工业品或精细化工产品。

化妆品品种繁多，目前国际上对化妆品尚没有统一的分类方法，各国分类方法各异，可以按剂型分类、按用途分类、按使用部位分类、按年龄分类、按性别分类、按生产过程结合产品特点分类、按国家标准分类等。如化妆品按剂型分类主要有：乳剂型（如雪花膏、清洁霜、润肤霜、香波等）、粉状型（如香粉、爽身粉、痱子粉等）、液体型（如化妆水、香水、花露水等）、油状型（如发油、防晒油等）、膏状型（如洗发膏、剃须膏、眼影膏等）、棒状型（如眉笔、眼线笔、唇线笔等）、气雾剂型（如摩丝、喷雾发胶、空气清新剂等）、其他类型（如发蜡、染发剂、面膜等）等。

化妆品是由多种原料通过复配技术配制而成的具有多种功效的产品。化妆品的原料种类繁多、性能各异，作用不同：按用途分，可分成基质原料和辅助原料；按来源分，可分成天然原料和合成原料。基质原料是调配各种化妆品的主体，即基础原料。主要有以下类别：天然油脂类、蜡类、高碳烃类、粉质类和溶剂类。除基质原料外的所有原料都称为辅助原料，它们是为达到化妆品的某些功能而加入的物质，如香精香料、色料、防腐剂、抗氧化剂、水溶性高分子化合物、营养添加剂、保湿剂、表面活性剂等。

由于化妆品与人体直接接触，且频繁使用、受众面广，防止毒副作用、保证其安全非常重要。安全性要求大致包括致病菌感染、一次性刺激性反应和异状敏感性反应。除异状敏感性反应因人而异，致病菌感染和一次性刺激性反应可通过采用高纯度原料、原材料和产品的消毒防腐及生产工艺中的灭菌等加以控制。为保证化妆品具有安全性，必须按所属管辖地的法规规定方法对其原料、成分进行科学性评价。与化妆品安全性有关的法规有《化妆品卫生标准》（GB 7916—87）、《化妆品卫生化学标准检验方法》（GB 7917.1～GB 7917.4—87）、《化妆品微生物标准检验方法》（GB 7918.1～GB 7918.5—87）、《化妆品安全性评价程序和方法》(GB 7919—87)、《化妆品卫生监督条例》、《化妆品产品技术要求规范》。

二、目的与要求

(1) 了解化妆品分类、生产原料和生产方法有关知识，知道世界著名化妆品品牌。

(2) 了解人体皮肤的结构和生理功能的有关知识。

(3) 了解安全使用化妆品的知识，阅读与化妆品安全性有关的法规，学习化妆品的感官评价方法。

(4) 选择一种化妆品，了解主要化学成分，确定一种安全性评价方法，设计实验方案。

(5) 写一篇文献实验报告。

实验3 食品中食品添加剂残留的检测

一、背景知识

食品添加剂虽始于西方工业革命，但其直接应用可追溯到一万年以前。我国使用食品添加剂的历史悠久，许多传统食品都有使用食品添加剂的可考依据，如粉丝、油条用的明矾，腊肠用的芒硝，豆腐用的卤水等。食品添加剂是构成现代食品工业不可缺少的因素，没有食品添加剂，就没有现代食品工业，它对于保持和提高食品的色、香、味、口感等感官指标，改善食品品质、延长食品保存期以及增强食品营养成分等都有着极其重要的作用。

各国对食品添加剂的定义不尽相同。我国的定义是指用于改善食品品质、延长食品保存期、便于食品加工和增加食品营养成分的一类化学合成或天然物质。

目前国内外使用的食品添加剂种类已达 14000 种以上。食品添加剂有多种分类方法，可按其来源、功能、安全性评价的不同等来分类。按来源分，食品添加剂可分为天然食品添加剂和化学合成食品添加剂两大类。天然的食品添加剂是指利用动植物或微生物的代谢产物等为原料，经提取所获得的天然物质；化学合成的食品添加剂是指以化学物质为起始原料，通过氧化、还原、缩合、聚合等化学反应而合成的物质。目前使用的食品添加剂大多为化学合成物质。我国的《食品添加剂使用卫生标准》将食品添加剂分为 23 类：酸度调节剂、抗结剂、消泡剂、抗氧化剂、漂白剂、膨松剂、胶姆糖基础剂、着色剂、护色剂、乳化剂、酶制剂、增味剂、面粉处理剂、被膜剂、水分保持剂、营养强化剂、防腐剂、稳定和凝固剂、甜味剂、增稠剂、香料、加工助剂和其他等。

食品安全问题越来越多地受到人们的重视，而影响食品安全的一个重要原因就是食品添加剂的不规范使用。主要体现在：①食品添加剂本身不符合添加剂质量标准，某些指标达不到国家标准或有些指标超出国家标准；②滥用食品添加剂，每一种食品添加剂都有其特定的使用范围，国家对此做了严格的限制；③超量使用食品添加剂，如为了延长食品货架寿命，超量添加食品防腐剂。

食品添加剂最重要的是安全和有效，其中安全性最为重要。要保证食品添加剂使用安全，必须对其进行卫生评价，这是根据国家标准、卫生要求，以及食品添加剂的生产工艺、理化性质、质量标准、使用效果、范围、加入量、毒理学评价及检验方法等做出的综合性的安全评价，其中最重要的是毒理学评价。通过毒理学评价确定食品添加剂在食品中无害的最大限量，并对有害的物质提出禁用或放弃的理由，以确保食品添加剂使用的安全性。

食品添加剂是在食品的生产中添加到食品中的物质。因此，食品添加剂不可避免、或多或少地残留于食品中。食品中食品添加剂残留的检测，中国做法与相关国际组织和发达国家的通常做法相同：对于规定了具体使用限量和范围的食品添加剂，如防腐剂、着色剂、甜味剂、抗氧化剂等，都制定了相应的检测方法的标准；对于来自天然植物或按生产工艺需要适量使用的食品添加剂，如天然色素、增稠剂等，食品中本身就可能存在，食品安全风险较低，无需区别添加或天然存在的情况，通常不制定检测方法。常利用高效液相色谱法、气相色谱、紫外可见分光光度计、薄层层析、毛细管电泳技术、离子色谱法、生物传感器、酶联免疫吸附分析法、流动注射分析技术等进行食品添加剂残留的检测。

二、目的与要求

(1) 了解食品添加剂的生产现状与发展前景，世界上有哪些著名的食品添加剂生产企业。

(2) 了解食品添加剂的选用原则、安全使用、毒理学评价和毒性指标、管理和卫生标准。

(3) 选择一种食品，确定该食品中的一种添加剂残留，利用化学或仪器分析方法，设计分析检测方案。

(4) 写一篇文献实验报告。

实验4 水体中污染物的测定

一、背景知识

水是生命之源，没有水就没有生命。水包括天然水（河流、湖泊、大气水、海水、地下水等），人工制水（通过化学反应使氢氧原子结合得到水）。水（化学式：H_2O）是由氢、氧两种元素组成的无机物，在自然界以固态、液态、气态三种聚集状态存在，在常温常压下为无色无味的透明液体。全世界有60多个国家和地区严重缺水，我国是一个资源型和水质型缺水的国家。

水体是河流、海洋、湖泊、沼泽、水库和地下水等的统称。水体中不仅有水，也包括水体中的悬浮物、溶解物、水生生物和底泥等。水污染，即水体因某种物质的介入，而导致其化学、物理、生物或者放射性等方面特征的改变，从而影响水的有效利用，危害人体健康或者破坏生态环境，造成水质恶化的现象。据世界权威机构调查，在发展中国家，各类疾病有80%是因为饮用了不卫生的水而传播的，每年因饮用不卫生水至少造成全球2000万人死亡，因此，水污染被称作“世界头号杀手”。

水的污染包括自然污染和人为污染。当前对水体危害较大的是人为污染。水污染又可分为化学性污染、物理性污染和生物性污染三大类。化学性污染杂质为化学物品，主要包括无机污染物质（如酸、碱和一些无机盐类）、无机有毒物质（如汞、镉、铬、铅、砷等元素）、有机有毒物质（如各种有机农药、多环芳烃、芳香烃等）、需氧污染物质（如某些碳水化合物、蛋白质、脂肪和酚、醇等有机物质）、植物营养物质（如含氮、磷等植物营养物质）及油类污染物质（如石油）。物理性污染包括悬浮物质污染（如水中含有的不溶性固体物质和泡沫塑料等）、热污染（如来自各种工业过程的冷却水）及放射性污染（如放射性矿藏的开采，核试验和核电站的建立以及同位素在医学、工业、研究等领域的应用，使放射性废水、废物显著增加）。生物性污染是指废水中的致病微生物及其他有害生物体，主要包括病毒、病菌、寄生虫卵等各种致病体。我国水体污染量大而广的主要污染是耗氧的有机物，危害最大的是重金属和生物难降解的有机物。

水质指标是表示水中杂质的种类、成分和数量，是判断水质的具体衡量标准。水质指标有若干类，分为物理性、化学性和生物性水质指标。同样，表示水污染程度的水质指标，依性质大致可分为物理性、化学性及生物性三类。物理性的水污染指标主要有水温、气味、色度和固体含量等。化学性的污染指标有两大类，即无机物指标，主要包括酸碱度（pH值）、植物营养元素（氮、磷、硫酸根离子、氯离子等）、重金属（铅、汞、铬、锰、镉、砷等）等；有机物指标，一般采用化学需（耗）氧量（COD）、总需氧量（TOD）、生物化学需（耗）氧量（BOD）和总有机碳（TOC）等指标来反映。生物性的水污染指标主要有总大肠菌群、菌落总数和病毒等。

二、目的与要求

（1）了解世界及我国水污染的现状和污染水体治理方法，污染水体中有哪些有毒有害化学物质及对人体健康造成危害。

(2) 查阅文献，了解水体中表示水污染程度的水质指标的意义及检测方法和污染水主要指标范围。

(3) 了解水体样品的采样方法，掌握水样的预处理技术。

(4) 确定水体中一种或多种表示水污染程度的水质指标，选择一种可行的化学或仪器分析测定方法，设计实验方案。

(5) 写一篇文献实验报告。

实验5 茶水中无机矿物元素的检测

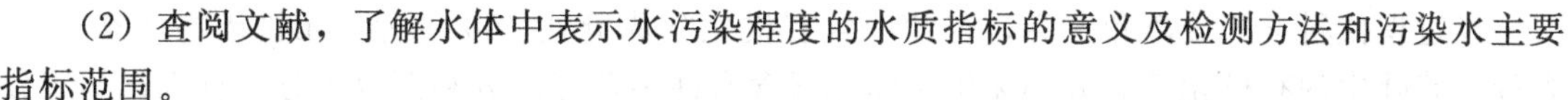

一、背景知识

茶叶与咖啡、可可并称为世界三大饮料。中国是茶的故乡，是茶的原产地，也是最早发现茶树和利用茶树的国家。茶既是物质的，又是文化的。人们称“开门七件事，柴米油盐酱醋茶”，强调茶是开门七件事之一。在文化领域，有“文人七件宝，琴棋书画诗酒茶”之说，意味着茶是文人喜爱的七件宝物之一。中国产茶分四大茶区，华南茶区、西南茶区、江南茶区、江北茶区。茶区多数是山区，云南的六大茶山，台湾的阿里山，四川的峨眉山，福建的武夷山，安徽的黄山、九华山，江苏的洞庭山，浙江的天目山、普陀山，江西的庐山，不胜枚举。每一座山都飘有茶香，每一座山都有茶的故事，由此孕育了中国五彩缤纷的茶品，演绎出博大精深的中国茶文化。因此，茶饮不单纯是一种物质的消费，而且也是一种文化的陶冶。

茶树为多年生常绿木本植物，古代称为“南方之嘉木”。一般为灌木，在热带地区也有乔木型茶树高达15～30m，基部树围1.5m以上，树龄可达数百年至上千年。栽培茶树往往通过修剪来抑制纵向生长，所以树高多在0.8～1.2m间。茶树经济学树龄一般在50～60年间。茶树的叶子呈椭圆形，边缘有锯齿，叶间开五瓣白花，果实扁圆，呈三角形，果实开列后露出种子。采茶树的叶制茶叶，种子可以榨油，茶树材质细密，其木可用于雕刻。用茶叶冲泡的饮料称为茶水，茶水在茶业界多理解为“茶汤”。

就茶叶品名而言，从古至今已有上千种之多，目前还没有规范化的茶叶分类方法。现代的中国茶叶大致可分为基本茶类和再加工茶类两大部分。所谓基本茶类，是以茶鲜叶为原料，经过不同的制造（加工）过程形成的不同品质成品茶的类别，包括绿茶、红茶、乌龙茶（也称青茶）、白茶、黄茶和黑茶六大类。所谓再加工茶类，是以基本茶类的茶叶为原料，经过不同的再加工而形成的茶叶产品类别，包括花茶、香料茶、紧压茶、萃取茶、果味茶、药用保健茶和含茶饮料。其他的分类法还有很多，如以季节划分有春茶、夏茶、秋茶、冬茶；以产地划分有徽茶、川茶、滇茶、闽茶、台湾茶等；以生长环境划分有高山茶和平地茶；以干茶外形划分有扁平状茶、针状茶、末状茶、卷曲状茶、条状茶、球状茶、片状茶、雀舌状茶等。

茶不仅具有提神清心、降火明目、止渴生津、清热消暑、解毒醒酒、去腻减肥、下气、利水、通便、治痢除湿、消食去痰、祛风解表、坚齿、治心痛、疗疮治瘘、疗饥、益气力、延年益寿等药理作用，还对现代疾病，如辐射病、心脑血管病、癌症等疾病，有一定的药理功效。

经过现代科学的分离和鉴定，茶叶中含有机化学成分达450多种，无机矿物元素达40多种。茶叶中的有机化学成分和无机矿物元素含有许多营养成分和药效成分。有机化学成分主要有：茶多酚类、植物碱、蛋白质、氨基酸、维生素、果胶素、有机酸、脂多糖、糖类、酶类、色素等。无机矿物元素主要有：钾、钙、镁、钴、铁、锰、铝、钠、锌、铜、氮、磷、氟、碘、硒等。

茶水中无机矿物元素检测采用的仪器分析方法有紫外可见分光光度法、原子吸收光谱法(AAS)、电感耦合等离子体发射光谱仪（ICP-AES)、电感耦合等离子体质谱（ICP-MS）等。

二、目的与要求

(1) 了解茶的发展历史和各类茶的产地，中华茶道、茶艺、茶文化及中国名茶。

(2) 了解茶叶的采摘、制作加工工艺、甄选与鉴别、储藏等有关知识。

(3) 知道茶之具、茶之水、茶之火的有关知识，学习不同茶类的冲泡方法，掌握泡茶四要素，即茶叶用量（置茶量)、泡茶水温、冲泡时间和冲泡次数。

(4) 了解饮茶保健功效和茶疗作用，掌握正确的饮茶方法，学习茶叶的妙用知识，注意饮茶禁忌。

(5) 选择一种茶叶，查阅文献资料，了解该茶叶中的有机化学成分和无机矿物元素，按正确的冲泡方法泡茶制茶水样，确定一种或多种无机矿物元素，设计检测方案。

(6) 写一篇文献实验报告。

实验6 豆腐的制作

一、背景知识

中国是豆腐的发源地。相传，豆腐为西汉淮南王刘安（公元前179～122）所发明。刘安在八公山上烧药炼丹的时候，偶然以石膏点豆汁，从而发明豆腐，至今已有2000多年的历史。安徽省淮南市——刘安故里，每年9月15日，有一年一度的豆腐文化节。

豆腐不但味美，而且营养丰富，含有铁、钙、磷、镁等人体必需的多种微量元素，还含有糖类、植物油和丰富的优质蛋白，素有“植物肉”之美称，深受人们的喜爱。现代医学证实，豆腐除有增加营养、帮助消化、增进食欲的功能外，对齿、骨骼的生长发育也颇为有益，在造血功能中可增加血液中铁的含量。豆腐不含胆固醇，为高血压、高血脂、高胆固醇症及动脉硬化、冠心病患者的药膳佳肴，也是儿童、病弱者及老年人补充营养的食疗佳品。豆腐含有丰富的植物雌激素，对防治骨质疏松症有良好的作用。还有抑制乳腺癌、前列腺癌及血癌的功能，豆腐中的甾固醇、豆甾醇，均是抑癌的有效成分。

豆腐种类繁多，而如今市场上的豆腐主要有传统豆腐、内酯豆腐、豆腐制品、新型豆腐等几大类。

传统豆腐是由大豆为原料，经选料、泡料、磨豆、滤浆、煮浆、点脑、成型等工序制成的以大豆蛋白质为主体的乳白色凝胶，是大豆蛋白在凝固剂作用下相互结合形成的具有三维网络结构的凝胶产品。按所用凝固剂和豆腐含水量的不同，豆腐有老嫩之分。含水量85%以下的豆腐，称为老豆腐，也称北豆腐；含水量在85%以上的豆腐称为嫩豆腐，也称南豆腐。

内酯豆腐是用葡萄糖酸内酯作凝固剂，也因此得名。这一制作技术最早在日本、美国开发与应用，而后得到广泛推广，20 世纪 80 年代引入我国，目前大量盒装豆腐就是利用了这一技术。

豆腐制品有冻豆腐、包子豆腐、豆腐干、豆腐皮、豆腐脑、臭豆腐、腐乳、长毛豆腐等。

新型豆腐有高铁豆腐、水果风味豆腐、茶汁豆腐、鸡蛋豆腐、牛奶豆腐、玉米豆腐、花生豆腐、猪血豆腐、魔芋豆腐、大米豆腐等。

在豆腐制作的过程中，化学工艺起着重要的作用，不论是传统豆腐，还是营养口感更好的内酯豆腐，及在此基础上研发的复合型凝固剂配方的豆腐，都与化学有着紧密的联系。豆腐的制作涉及生物化学、食品生物化学、物理化学、胶体化学等等，整个变化过程是非常复杂而又微妙的。

二、目的与要求

(1) 豆腐虽好，也不宜天天吃，一次食用也不要过量，总结食用豆腐的注意事项。

(2) 豆腐，营养丰富，口感柔润，是人们喜爱的家常菜，几千年来，豆腐不仅越做越精，也演绎出源远流长的“豆腐文化”，品位豆腐文化。

(3) 查阅文献，了解豆腐制作原料、凝固剂、原理、制作工艺、存在的问题及发展前景。

(4) 学习用“察形观色”的办法——看、摸、闻、尝，鉴别豆腐优劣。

(5) 选择一种豆腐，设计出配方和制作工艺。

(6) 了解豆腐制品的生产卫生、保存方法和理化及卫生检验。

(7) 写一篇文献实验报告。

实验7 酿酒

一、背景知识

酒是一种饮用食品，同时也是一种内涵丰富的文化用品。酒的生产、饮用和消费涉及各民族的性格、文化、宗教、礼仪、经济、法律法规和政治生活等各方面，与人们的生活质量和国家经济的发展密切相关。在日常生活中酒与人类的关系密不可分，酒之普及，可谓深入千家万户。从国宴庆典到红白喜事；从平民以酒作为处世法宝，到军事家、政治家把酒引为克敌制胜的诀窍，从古今中外的达官显贵，到现实生活中的黎民百姓，无不崇拜这杯中之物，并使之雅俗共赏。

酒的起源经历了一个从自然酿酒逐渐过渡到人工酿酒的漫长过程，考古和文献资料记载表明，从自然酿酒到人工酿酒这一发展阶段大约在 7000～10000 年以前。酒是古代劳动人民在长期的生活和生产实践中不断观察自然现象、反复实践并经无数次改进而逐渐发展起来的。我国是酒的故乡，也是酒文化的发源地，是世界上酿酒最早的国家之一。酒的酿造，在我国已有相当悠久的历史。在中国数千年的文明发展史中，酒与文化的发展基本上是同步进行的。

凡含有酒精（乙醇）的饮料和饮品均称为酒。酒的种类很多，大致可分为三大类：酿造酒、蒸馏酒和配制酒。

酿造酒是指以谷物或者水果等为原料，经发酵后过滤或压榨而得的酒，一般都在20°以下，酒中除乙醇和挥发性香味物质之外，还含有一定量的营养物质——糖类、氨基酸、肽、蛋白质、维生素、矿物质等。酿造酒根据原料的不同可分为啤酒、果酒（葡萄酒）、黄酒、米酒和日本清酒等。

蒸馏酒是指以谷物或者水果等为原料，经发酵后再经蒸馏、陈酿、勾兑制成的酒，其酒精度比酿造酒高，除乙醇之外还含有一定量的挥发性风味物质。酒精度大多为38°～65°，现在也有25°、30°的蒸馏酒。世界上最著名的蒸馏酒有中国白酒、威士忌、白兰地、朗姆酒、金酒、俄得克（伏特加）等。

配制酒是指以蒸馏酒或者酿造酒为基础酒，加入果汁、香料、药用植物或者芳香植物所配制的酒，主要有中国药酒、味美思、五加皮酒、竹叶青酒、利乔酒、鸡尾酒等。

二、目的与要求

（1）了解健康饮酒的有关知识，感受酒文化的博大精深。

（2）了解为什么酒精会让人醉，酗酒对人体的危害。

（3）查阅文献，了解酿酒原料、酿造微生物基础知识、机理、酿造工艺和世界各国名酒品牌。

（4）选择一种酿造酒或蒸馏酒，设计酿造工艺并了解其风味物质的化学成分。

（5）了解酒的色、香、味、格和酒的品评知识及质量标准。

（6）写一篇文献实验报告。

实验8 制作食醋

一、背景知识

食醋的使用在我国有着悠久的历史，中国是世界上用谷物酿醋最早的国家，也是应用食醋最早的国家，有人认为在一万年前醋就应用于人们的生活中，文字记载的至少也有5000年的应用历史。

食醋，古代称为酢、苦酒和“食总管”，是烹饪中常用的一种液体酸味调味料，其滋味酸、甜、鲜、咸、香较为复杂，但色调柔和而浓厚。食醋中主要成分为醋酸，此外还含有乳酸、葡萄糖酸、琥珀酸、氨基酸、糖分、钙、磷、铁、维生素 B_2 等一些营养成分。

食醋的种类因制造食醋的方法、原料、糖化曲、醋酸发酵方式及成品颜色风味的差异，食醋品种繁多，目前尚无统一分类标准。按生产工艺可分为酿造醋、配制醋、再制醋三大类。

酿造醋是以淀粉质、糖质、酒质为原料，经微生物制曲、糖化、酒精发酵、醋酸发酵等阶段酿制而成。具有独特的色、香、味，不仅是调味佳品，经常食用还对健康有益。原料的不同、用曲的变化、酿造工艺的差异，导致了食醋各具风格。根据原料的不同，酿造醋分为粮食醋、麸醋、薯干醋、糖醋、酒醋；根据酿造用曲的不同，可分为麸曲醋、大曲醋、小曲

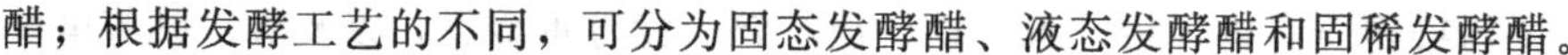

醋；根据发酵工艺的不同，可分为固态发酵醋、液态发酵醋和固稀发酵醋。

配制醋是用化学方法合成的食用醋酸，用添加水、酸味剂、调味料、香辛料、食用色素勾兑而成，缺乏发酵调味品的风味，不能入药或作为中药炮制辅料用。配制醋口味单调、颜色透明。醋精、白醋精就是配制醋。

再制醋是在酿造醋中添加各种辅料配制而成的食醋系列花色品种。添加料并未参与醋酸发酵过程，所以称再制醋。例如，海鲜醋、五香醋、姜汁醋、甜醋等是在酿造醋成品中添加鱼露、虾粉、五香液、姜汁、砂糖等而制成的食醋品种。

醋可以开胃，促进唾液和胃液的分泌，帮助消化吸收，使食欲旺盛，消食化积；醋有很好的抑菌和杀菌作用，能有效预防肠道疾病、流行性感冒和呼吸道疾病；醋可软化血管，降低胆固醇，是高血压等心血管病人的一剂良方；醋对皮肤、头发起到很好的保护作用；醋能消除疲劳，促进睡眠，并能减轻晕车、晕船的不适症状；醋可以减少胃肠道和血液中的酒精浓度，起到醒酒的作用；醋还能预防中暑。

二、目的与要求

（1）了解一下我国的名牌醋，食醋的养生和药效作用，日常生活中如何妙用食醋和吃醋禁忌的有关知识及醋文化。

（2）查阅文献，了解制作食醋的原料、机理和工艺条件。

（3）选择一种食醋，设计制作工艺条件，制定制作方案。

（4）了解保证食醋质量的主要检验项目及其标准（如总酸、致病菌、大肠菌群、菌落总数、苯甲酸、山梨酸、黄曲霉毒素 B_1 等），学习怎样选购食醋的知识。

（5）写一篇文献实验报告。

实验9　废电池的资源化综合利用

一、背景知识

电池作为一种便携式能量储存器，已成为人们依赖的主要消费品之一，其种类、生产量、使用量和废弃量急剧增加。目前我国已成为世界上最大的电池生产国、消费国和废电池产生国。以干电池为例，目前全世界的年总产量为 250 亿只，我国是世界电池第一生产大国，占全世界电池总量的 1/2 左右，但回收率却不足 2%。

电池的种类繁多，目前我国生产的电池包括 14 个系列、250 个品种。从生产和使用的方式分为一次性电池和充电电池。一次性电池是指该电池经一段时间使用后就变为废物而遭淘汰的一类电池。按照作用原理和化学元素构成，可将一次性电池划分为碳性电池、镁锰电池、糊式锌锰电池、纸板锌锰电池、碱性锌锰电池、扣式电池（扣式锌银电池、扣式锂锰电池、扣式锌锰电池）、锌空气电池、一次锂锰电池、水银电池等。充电电池是指该电池经购买后可以反复充电、多次使用，在较长的时间后才变为废物而遭淘汰的一类电池。按照作用原理和化学元素构成，可将充电电池分为镍镉电池、镍氢电池、锂电池、碱锰充电电池、锂聚合物电池、燃料电池以及密封铅酸蓄电池等。任何一种电池由四个基本部件组成，四个基本部件是两个不同材料的电极、电解质、隔膜和外壳。

废电池中的主要污染物质有锡、铅、汞、铝、镍、锌、锰等重金属，以及酸、碱等电解质溶液等。对人体及生态环境有不同程度的危害。这些有毒物质通过各种途径，如通过饮水、通过食物链直接或间接地进入人体，长期积蓄难以排除，就会损害人的神经系统、造血功能和骨骼，干扰和损伤肾功能、生殖功能，容易使人慢性中毒、瘫痪，甚至致癌。废电池对自然环境威胁也很大，若将废电池混入生活垃圾一起填埋，或者随手丢弃，其污染物进入鱼类、农作物中，就会破坏人类的生存环境。渗出泄漏的汞等重金属物质也会渗透于土壤、污染地下水。有资料显示，电池烂在地里，能使 $1m^2$ 的土壤失去利用价值；一粒纽扣电池可使 600t 水受到污染，相当于一个人一生的饮水量，给环境留下长期、潜在的危害。废电池的危害特点是：生产多少，最终就废弃多少；集中生产，分散污染；短时使用，长期污染。

目前，德国、日本、瑞典、美国等发达国家在废电池回收方面有着非常完善的体系。通过制定严格的法律、对消费者征税等措施来保证废旧电池的回收。在德国，2005 年的废电池再利用率创造了历史最高水平，达到了 82%。不仅在商店，而且直接在大街上都设有专门的废电池回收箱，废电池中 95%的物质均可以回收。对于含汞电池则主要采用环境无害化处理手段防止其污染环境。采用补贴的方式，鼓励企业回收废电池并进行提炼处理。我国在废电池的环境管理方面相当薄弱。对于任何种类的废电池都没有按照危险废物来管理，而是当作普通垃圾来对待。对于废电池的回收、处理和处置，国家也没有制定具体的政策和法规。居民们对废电池危害认识不足，没有形成普遍的自觉收集、自觉上交的意识，废电池回收率低。

废电池是可以再生利用的二次资源。随着电池产业不断发展，不同类别、规格的废电池所需的处理方式、处理技术也将相应形成。国际上通行的处理方式有三种：固化深埋、存放于旧矿井、回收利用，而废电池回收利用是当前行业管理工作的重点。废电池回收利用已有的回收技术与工艺大致有人工分选回收利用技术、干法回收利用技术、湿法回收利用技术、干湿法回收利用技术。这些技术与工艺目前尚不成熟。

二、目的与要求

(1) 了解电池的生产原料和工艺、废电池的危害及国内外废电池综合利用的现状。

(2) 根据废电池的危害特点，思考提出如何有效资源化综合利用废电池的措施（包括政策法律措施、管理措施、技术措施等）。

(3) 选择一种废电池，查阅文献资料，了解其结构及废电池中各种元素的大致含量，设计制定综合利用方案。

(4) 写一篇文献实验报告。

实验10 CO_2资源化利用

一、背景知识

自工业革命以来，煤炭、石油等化石燃料就成为人类生产生活最主要的能源。大量使用化石能源在推动生产力迅速发展的同时，也导致温室气体大量排放，加剧全球变暖。随着碳

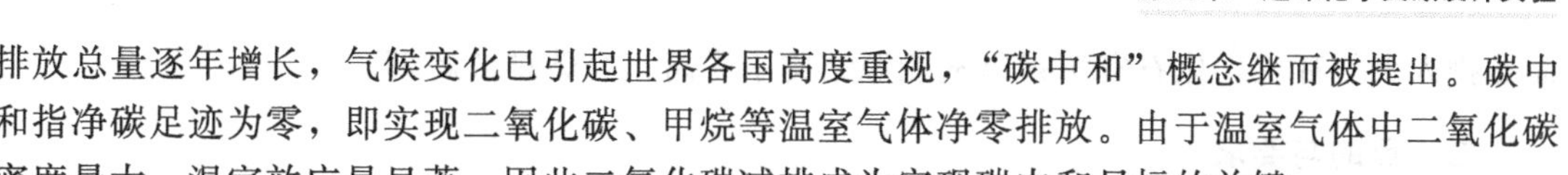

排放总量逐年增长，气候变化已引起世界各国高度重视，“碳中和”概念继而被提出。碳中和指净碳足迹为零，即实现二氧化碳、甲烷等温室气体净零排放。由于温室气体中二氧化碳密度最大、温室效应最显著，因此二氧化碳减排成为实现碳中和目标的关键。

2015年的《巴黎协定》提出了在21世纪末，要将地球温升控制在2℃，并把21世纪下半叶实现人类活动温室气体的排放量与大自然吸收相平衡，即气候中性（又称碳中和）作为实现这一目标的具体措施。2020年9月22日中国政府在第75届联合国大会上郑重承诺，将提高国家自主贡献力度，碳排放力争于2030年前达峰，努力争取2060年前实现碳中和，充分体现了大国担当。

然而，我国距离碳中和目标仅剩40年，从碳达峰到碳中和更是只有短短30年时间。与发达国家相比，中国仍然处于工业化和城镇化的进程中，从碳达峰到碳中和的时间更为紧迫，这对中国的治理智慧也将是一场巨大的考验。从排放总量看，我国碳排放总量巨大，2020年约占全球的29%，是美国的2倍多、欧盟的3倍多，实现碳中和所需的碳减排量远高于其他经济体。而我国承诺实现从碳达峰到碳中和的时间远远短于发达国家所用时间，所以任务艰巨。

实现碳达峰、碳中和首先需要明确我国能耗的主要来源才能有针对性地进行减排。目前看来，我国在工业、建筑、交通领域的化石能源消费是能耗最主要来源，也是降低能耗的重点对象。工业以钢铁、建材、石化、化工、有色、电力等六大初级产品产业能耗最大、排放最多，且对煤、石油等化石能源的依赖度高，是我国节能减排的重中之重。工业节能需从产业结构与技术两方面下手。一方面推动传统资源密集型低端产业、重工业向高端制造业、高技术产业发展，减缓对钢铁、水泥等高能耗产品的需求，刺激对高端工业品、服务和绿色环境的需求增长。另一方面以科技创新推动能源效率提高，如发电效率提升有望减少10%的火电碳排放，能源效率提升可使吨钢能耗、单位水泥综合能耗等进一步下降，使工业能耗大幅减少。建筑业运行能耗包括采暖、空调、照明、炊事、洗衣等能耗，其中采暖与空调能耗占50%～70%，是建筑节能的重要指标。建筑业节能可参照目前最先进的德国微能耗建筑，对建筑本身做优化设计，利用保温层做好墙体、屋顶和窗户保温，采用相变蓄热砂浆打造建筑内墙，利用地热能、风能、太阳能等可再生能源使建筑实现能量自给。我国交通主要分为铁路、公路、水路、民航等形式，目前交通对于节能减排的响应主要集中体现在公路运输中。部分发达国家已发布禁售燃油车的相关规定，我国减少燃油车、推进新能源车发展的有关政策也正逐步完善。交通节能减碳主要依托新能源、电池储能的巨大发展使公路、航空、铁路、航海逐步实现全部电气化零碳交通。

日常生活也是碳排放的重要排放源，实现碳达峰、碳中和目标需要每个人都行动起来，为节能减排出力。如用传统的发条式闹钟替代电子钟、用传统牙刷替代电动牙刷、不用洗衣机甩干衣服而是自然晾干、步行替代汽车等“低碳生活方式”均能有效减少二氧化碳的排放量。

实现碳中和不仅要依靠能耗总量的下降，更要依靠能源结构的改良，去煤化是我国能源结构改良的关键。电力是人类社会最佳的二次能源，随着清洁能源和储能技术不断发展、智能电网不断完善，零碳电力必将逐步替代燃煤发电，成为未来能量供应主体。

在未来充沛能源的支撑下，CO_2资源化利用是回收二氧化碳、实现碳中和最为理想的途径。二氧化碳资源化利用方式主要包括光合作用、矿化处理、化学品合成等方面。化石资源化利用是指诸如煤炭、石油、天然气等不再作为能源，而是作为原料或材料投入使用，并经由化学反应转化为非能源产品。化石资源化利用可使碳元素以化合物的形式转向下游产品而非排入大气环境，化石资源得以从能源结构中脱离，与碳排放解绑。

二、目的与要求

（1）了解碳达峰、碳中和的相关知识，理解我国政府承诺 2030 年碳达峰和 2060 年前碳中和这一重大战略决策的历史背景和重大意义。

（2）查阅资料，了解碳达峰、碳中和的实现路径，形成节能降碳的共识，践行低碳生活方式。

（3）选择一种 CO_2 资源化利用方式，查阅文献资料，了解该利用方式的原理、国内外研究现状，设计制定综合利用方案。

（4）撰写一篇实验报告。

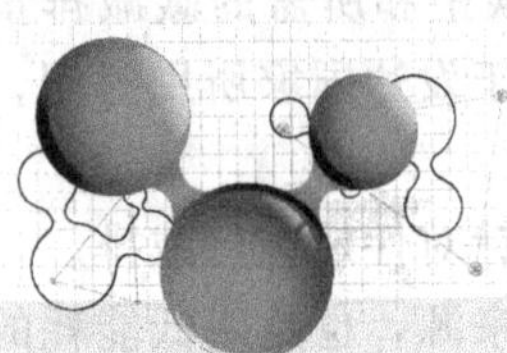

参考文献

[1] 申柯娅编著．宝石选购指南．[M]．第 2 版．北京: 化学工业出版社， 2012.

[2] 申柯娅, 王昶, 袁军平编著．珠宝首饰鉴定 [M]．北京: 化学工业出版社， 2009.

[3] 李娅莉，薛秦芳编著．宝石学基础教程 [M]．北京: 地质出版社， 2002.

[4] 谭静怡, 广丰．化妆品的前世今生 [J]．中国化妆品（行业），2009,（9）：70-76.

[5] 黄肖容, 徐卡秋主编．精细化工概论 [M]．北京: 化学工业出版社, 2008.

[6] 裘炳毅编著．化妆品化学与工艺技术大全（上、下册）[M]．北京: 中国轻工业出版社，2011.

[7] 郝素娥, 徐雅琴, 郝璐瑜编著．食品添加剂与功能性食品——配方 · 制备 · 应用 [M]．北京: 化学工业出版社，2010.

[8] 李祥主编．食品添加剂使用技术 [M]．北京: 化学工业出版社，2011.

[9] 黄肖容, 徐卡秋主编．精细化工概论 [M]．北京: 化学工业出版社, 2008.

[10] 周刚, 周军编．污染水体生物治理工程 [M]．北京: 化学工业出版社，2011.

[11] 伊学农主编．污水处理厂技术与工艺管理 [M]．北京: 化学工业出版社，2012.

[12] 陈宗懋, 杨亚军主编．中国茶经 [M]．上海: 上海文化出版社，2011.

[13] 陈君慧主编．中华茶道 [M]．哈尔滨: 黑龙江科学技术出版社，2012.

[14] 唐楠楠, 濮江．豆腐中的化学 [J]．科协论坛，2007 (5)（下）：21-22.

[15] 沈群主编．豆腐制品加工技术 [M]．北京: 化学工业出版社，2011.

[16] 陈君慧主编．中华酒典 [M]．哈尔滨: 黑龙江科学技术出版社，2012.

[17] 肖冬光, 赵树欣, 陈叶福等编著．白酒生产技术 [M]．第 2 版．北京: 化学工业出版社，2011.

[18] 李先端, 顾雪竹, 毛淑杰．醋的历史沿革及其保健功能 [J]．中国实验方剂学杂志，2011，17（18）：295-297.

[19] 李先端, 马志静, 张丽宏等．酿造醋和配制醋质量分析与鉴别 [J]．中国食物与营养，2011，17（2）：27-31.

[20] 张兰威主编．发酵食品工艺学 [M]．北京: 中国轻工业出版社，2011.

[21] 李为民主编．废弃物的循环利用 [M]．北京: 化学工业出版社，2011.

[22] 李明, 吴建东, 王成红．废电池的处理现状及管理对策 [J]．中国科技信息，2008,（9），19-20.

[23] 李平沙．以科技创新绘制中国碳中和蓝图——专访中国工程院院士、清华大学化学工程系教授金涌 [J]．环境教育，2021，5：12-15.

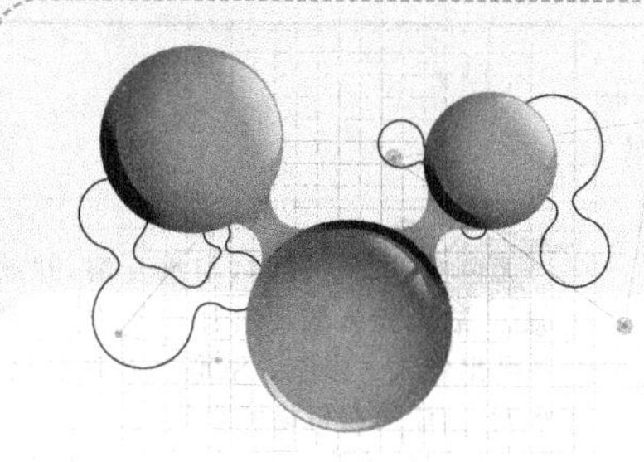

附　录

附录 1　基本物理常数表（1986 年国际标准）

名　称	符号与数值
圆周率	$\pi=3.1415927$
自然对数的底	e=2.7182818
真空中的光速	$c=299792458$m/s(米/秒)$=299792458\times10^2$cm/s(厘米/秒)
电子电荷	$e=1.60217733\times10^{-19}$C(库仑)
普朗克(Planck)常数	$h=6.6260755\times10^{-34}$J·s(焦耳·秒)
阿伏伽德罗(Avogadro)常数	$N_A=6.0221367\times10^{23}$mol^{-1}(摩尔$^{-1}$)
原子质量单位	$u=1.660540\times10^{-27}$kg(千克)
电子静止质量	$m_e=9.1093897\times10^{-31}$kg(千克)
质子静止质量	$m_p=1.6726231\times10^{-27}$kg(千克)
中子静止质量	$m_n=1.6749286\times10^{-27}$kg(千克)
法拉第(Faraday)常数	$F=96485.309$C/mol(库仑/摩尔)
摩尔气体常数	$R=8.314510$J/(mol·K)[焦耳/(摩尔·开尔文)]
玻尔兹曼(Boltzmann)常数	$k=1.380658\times10^{-23}$J/K(焦耳/开尔文)
水的三相点温度	$t_0=273.16$K(开尔文)=0.01℃
热力学零度	$T=-273.15$℃
热功当量	$J=4.184$J/cal(焦耳/卡)
标准大气压	1atm=101325Pa(帕)
电子伏特	$1\text{eV}=1.60217733\times10^{-19}$J(焦耳)
质子质量与电子质量之比	$m_p/m_e=1836.15201$
理想气体摩尔体积	$V_{m,0}=22.41410$L/mol(升/摩尔)
水的密度(275.15K 时)	$\rho=0.999972$kg/m^3(千克/立方米)

注：摘自夏玉宇主编．化学实验室手册［M］．第 2 版．北京：化学工业出版社，2008，3。

附录 2　常用酸、碱试剂的一般性质

名称 化学式 分子量[①]	沸点/℃	密度[②] /(g/mL)	浓度[②]		一　般　性　质
			质量分数 /%溶液	c/(mol/L)	
盐酸 HCl 36.463	110	1.18～1.19	36～38	约 12	无色液体，发烟。与水互溶。强酸，常用的溶剂。大多数金属氯化物易溶于水。Cl^-具有弱还原性及一定的络合能力
硝酸 HNO_3 63.016	122	1.39～1.40	约 68	约 15	无色液体，与水互溶。受热、光照时易分解，放出NO_2，变成橘红色。强酸，具有氧化性，溶解能力强，速度快。所有硝酸盐都易溶于水

续表

名称 化学式 分子量①	沸点/℃	密度② /(g/mL)	浓度②		一般性质
			质量分数 /%溶液	c/(mol/L)	
硫酸 H_2SO_4 98.08	338	1.83～1.84	95～98	约 18	无色透明油状液体，与水互溶，并放出大量的热，故只能将酸慢慢加入水中，否则会因暴沸溅出伤人。强酸。浓酸具有强氧化性，强脱水能力，能使有机物脱水炭化。除碱土金属及铅的硫酸盐难溶于水外，其他硫酸盐一般都溶于水
磷酸 H_3PO_4 98.00	213	1.69	约 85	约15	无色浆状液体，极易溶于水中。强酸，低温时腐蚀性弱，200～300℃时腐蚀性很强。强络合剂，很多难溶矿物均可被其分解。高温时脱水形成焦磷酸和聚磷酸
高氯酸 $HClO_4$ 100.47	203	1.68	70～72	12	无色液体，易溶于水，水溶液很稳定。强酸。热浓时是强的氧化剂和脱水剂。除钾、铷、铯外，一般金属的高氯酸盐都易溶于水。与有机物作用易爆炸
氢氟酸 HF 20.01	120 (35.35%时)	1.13	40	22.5	无色液体，易溶于水。弱酸，能腐蚀玻璃、瓷器。触及皮肤时能造成严重灼伤，并引起溃烂。对3价、4价金属离子有很强的络合能力。与其他酸(如 H_2SO_4、HNO_3、$HClO_4$)混合使用时，可分解硅酸盐，必须用铂或塑料器皿在通风橱中进行
乙酸 CH_3COOH (简记为 HAc) 60.054		1.05	99 (冰乙酸) 36.2	17.4 (冰乙酸) 6.2	无色液体，有强烈的刺激性酸味。与水互溶，是常用的弱酸。当浓度达 99%以上时(密度为 1.050g/mL)，凝固点为 14.8℃，称为冰乙酸，对皮肤有腐蚀作用
氨水 $NH_3 \cdot H_2O$ 35.048		0.90～0.91	25～28 (NH_3)	约 15	无色液体，有刺激臭味。易挥发，加热至沸时，NH_3 可全部逸出。空气中 NH_3 达到 0.5%时，可使人中毒。室温较高时欲打开瓶塞，需用湿毛巾覆盖，以免喷出伤人。常用弱碱
氢氧化钠 NaOH 40.01		1.53	商品溶液 50.5	19.3	白色固体，呈粒、块、棒状。易溶于水，并放出大量热。强碱，有强腐蚀性，对玻璃也有一定的腐蚀性，故宜储存于带胶塞的瓶中。易溶于甲醇、乙醇
氢氧化钾 KOH 56.104		1.535	商品溶液 52.05	14.2	

① 分子量亦可称为式量。

② 表中的“密度”“浓度”是对市售商品试剂而言。

注：摘自夏玉宇主编．化学实验室手册［M］．第2版．北京：化学工业出版社，2008，3.

附录 3 常用酸、碱溶液的配制

1. 酸溶液的配制

名称	c/(mol/L)	配制方法
HCl	12	浓 HCl
	9	750mL 浓 HCl+250mL 水
	6	500mL 浓 HCl+500mL 水
	2	167mL 浓 HCl+833mL 水
	1	83mL 浓 HCl+917mL 水
	0.5	42mL 浓 HCl+958mL 水
HNO_3	16	浓 HNO_3
	6	380mL 浓 HNO_3+620mL 水
	3	188mL 浓 HNO_3+812mL 水
	2	126mL 浓 HNO_3+874mL 水
	1	63mL 浓 HNO_3+937mL 水
H_2SO_4	18	浓 H_2SO_4
	2	111mL 浓 H_2SO_4 慢慢加到 500mL 水中，冷却后加水稀释至 1L
	1	55.5mL 浓 H_2SO_4 慢慢加到 800mL 水中，冷却后加水稀释至 1L
CH_3COOH	17	冰醋酸
	6	350mL 冰醋酸+650mL 水
	2	120mL 冰醋酸+880mL 水
	1	60mL 冰醋酸+940mL 水

2. 碱溶液的配制

名称	c/(mol/L)	配制方法
NaOH	6	240g NaOH 溶于 400mL 水中，盖上表面皿，放冷，再用水稀释至 1L
	2	80g NaOH 溶于 150mL 水中，盖上表面皿，放冷，再用水稀释至 1L
KOH	0.5	28g KOH 加 50mL 水，搅拌溶解，放冷后，稀释至 1L
$NH_3 \cdot H_2O$	15	浓氨水
	6	400mL 浓氨水与 600mL 水混合
	2	133mL 浓氨水与 867mL 水混合
$Ba(OH)_2$	饱和	取 72g $Ba(OH)_2 \cdot 8H_2O$ 溶于 1L 水中，充分搅拌放置 24h 后，吸取上层溶液使用，注意防止吸收 CO_2
$Ca(OH)_2$	饱和	17g $Ca(OH)_2$ 溶于 1L 水中，使用前新配

注：摘自宋毛平，何占航主编．基础化学实验与技术［M］．北京：化学工业出版社，2008，7.

附录 4 常用盐类和其他试剂的一般性质

名称[①] 化学式 分子量	溶解度[②]			一般性质
	水 (20℃)	水 (100℃)	有机溶剂 (18～25℃)	
硝酸银 $AgNO_3$ 169.87	222.5	770	甲醇 3.6 乙醇 2.1 吡啶 3.6	无色晶体，易溶于水，水溶液呈中性。见光、受热易分解，析出黑色 Ag，应储于棕色瓶中
三氧化二砷 As_2O_3 197.84	1.8	8.2	氯仿、乙醇	白色固体，剧毒。又名砷华、砒霜、白砒。能溶于 NaOH 溶液形成亚砷酸钠。常用作基准物质，可作为测定锰的标准溶液

续表

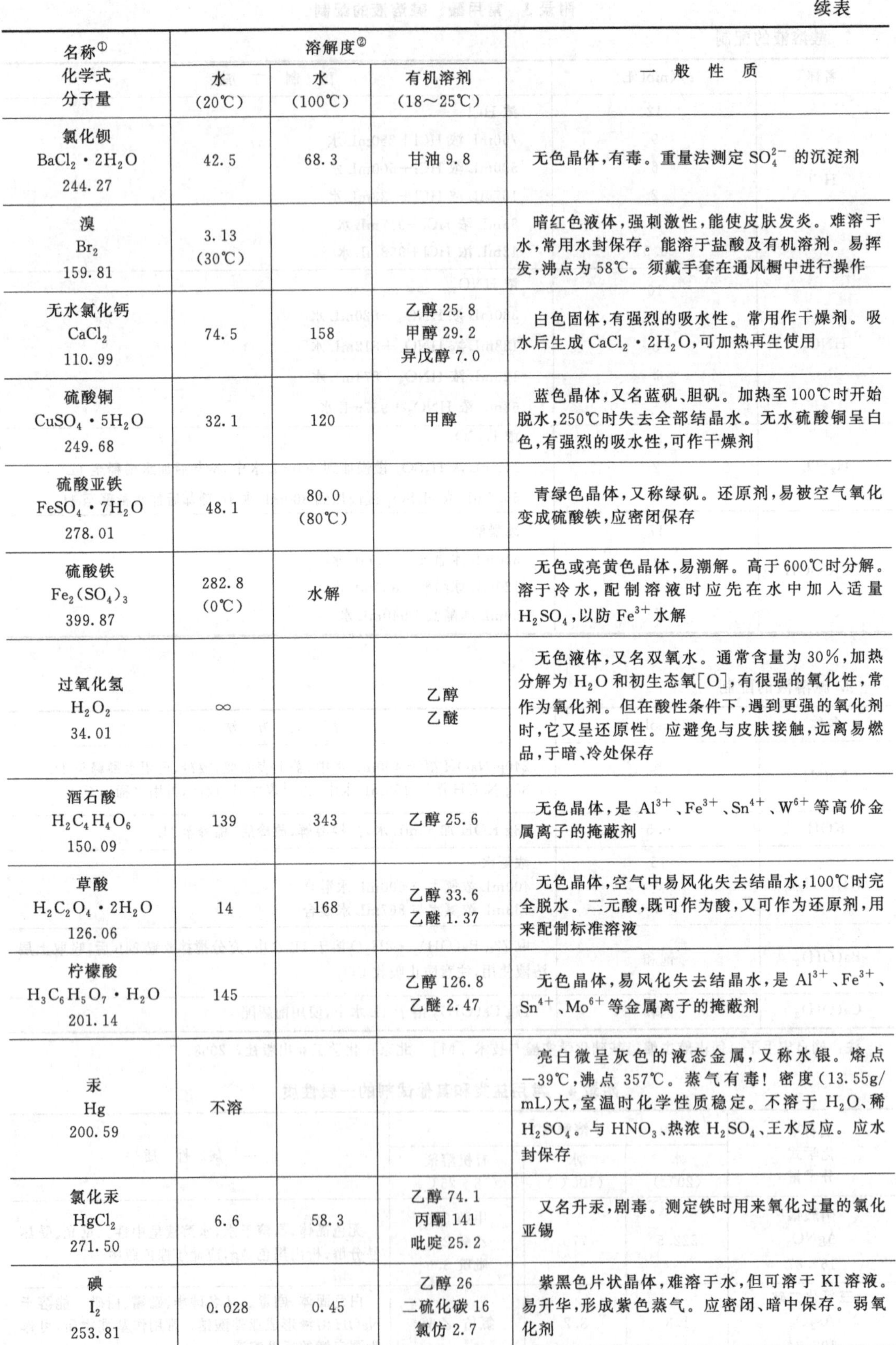

名称[①] 化学式 分子量	溶解度[②]			一般性质
	水 (20℃)	水 (100℃)	有机溶剂 (18～25℃)	
氯化钡 $BaCl_2 \cdot 2H_2O$ 244.27	42.5	68.3	甘油 9.8	无色晶体，有毒。重量法测定 SO_4^{2-} 的沉淀剂
溴 Br_2 159.81	3.13 (30℃)			暗红色液体，强刺激性，能使皮肤发炎。难溶于水，常用水封保存。能溶于盐酸及有机溶剂。易挥发，沸点为58℃。须戴手套在通风橱中进行操作
无水氯化钙 $CaCl_2$ 110.99	74.5	158	乙醇 25.8 甲醇 29.2 异戊醇 7.0	白色固体，有强烈的吸水性。常用作干燥剂。吸水后生成 $CaCl_2 \cdot 2H_2O$，可加热再生使用
硫酸铜 $CuSO_4 \cdot 5H_2O$ 249.68	32.1	120	甲醇	蓝色晶体，又名蓝矾、胆矾。加热至100℃时开始脱水，250℃时失去全部结晶水。无水硫酸铜呈白色，有强烈的吸水性，可作干燥剂
硫酸亚铁 $FeSO_4 \cdot 7H_2O$ 278.01	48.1	80.0 (80℃)		青绿色晶体，又称绿矾。还原剂，易被空气氧化变成硫酸铁，应密闭保存
硫酸铁 $Fe_2(SO_4)_3$ 399.87	282.8 (0℃)	水解		无色或亮黄色晶体，易潮解。高于600℃时分解。溶于冷水，配制溶液时应先在水中加入适量 H_2SO_4，以防 Fe^{3+} 水解
过氧化氢 H_2O_2 34.01	∞		乙醇 乙醚	无色液体，又名双氧水。通常含量为30%，加热分解为 H_2O 和初生态氧[O]，有很强的氧化性，常作为氧化剂。但在酸性条件下，遇到更强的氧化剂时，它又呈还原性。应避免与皮肤接触，远离易燃品，于暗、冷处保存
酒石酸 $H_2C_4H_4O_6$ 150.09	139	343	乙醇 25.6	无色晶体，是 Al^{3+}、Fe^{3+}、Sn^{4+}、W^{6+} 等高价金属离子的掩蔽剂
草酸 $H_2C_2O_4 \cdot 2H_2O$ 126.06	14	168	乙醇 33.6 乙醚 1.37	无色晶体，空气中易风化失去结晶水；100℃时完全脱水。二元酸，既可作为酸，又可作为还原剂，用来配制标准溶液
柠檬酸 $H_3C_6H_5O_7 \cdot H_2O$ 201.14	145		乙醇 126.8 乙醚 2.47	无色晶体，易风化失去结晶水，是 Al^{3+}、Fe^{3+}、Sn^{4+}、Mo^{6+} 等金属离子的掩蔽剂
汞 Hg 200.59	不溶			亮白微呈灰色的液态金属，又称水银。熔点 −39℃，沸点 357℃。蒸气有毒！密度(13.55g/mL)大，室温时化学性质稳定。不溶于 H_2O、稀 H_2SO_4。与 HNO_3、热浓 H_2SO_4、王水反应。应水封保存
氯化汞 $HgCl_2$ 271.50	6.6	58.3	乙醇 74.1 丙酮 141 吡啶 25.2	又名升汞，剧毒。测定铁时用来氧化过量的氯化亚锡
碘 I_2 253.81	0.028	0.45	乙醇 26 二硫化碳 16 氯仿 2.7	紫黑色片状晶体，难溶于水，但可溶于KI溶液。易升华，形成紫色蒸气。应密闭、暗中保存。弱氧化剂

续表

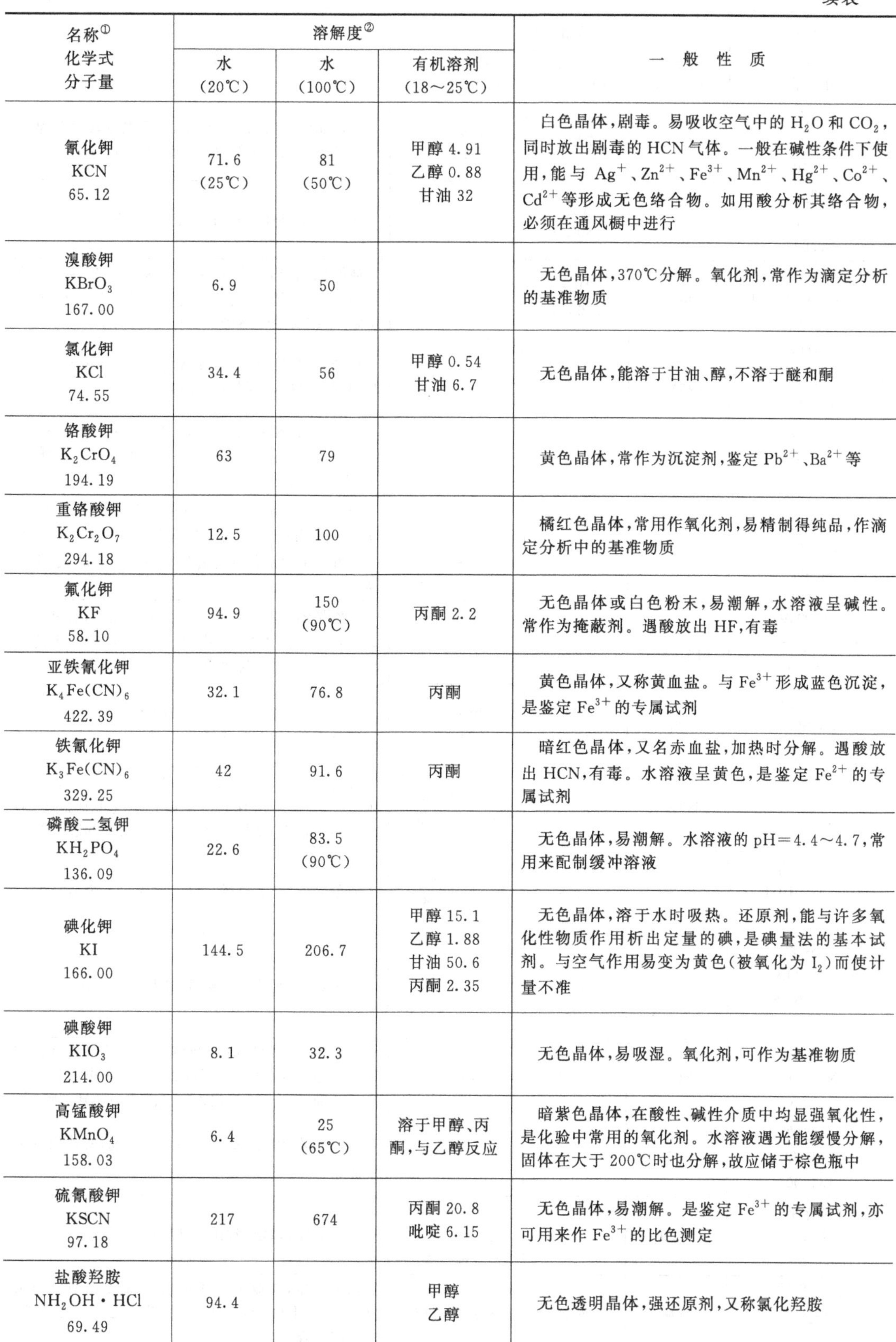

名称[①] 化学式 分子量	溶解度[②]			一 般 性 质
	水 (20℃)	水 (100℃)	有机溶剂 (18～25℃)	
氰化钾 KCN 65.12	71.6 (25℃)	81 (50℃)	甲醇 4.91 乙醇 0.88 甘油 32	白色晶体，剧毒。易吸收空气中的 H_2O 和 CO_2，同时放出剧毒的 HCN 气体。一般在碱性条件下使用，能与 Ag^+、Zn^{2+}、Fe^{3+}、Mn^{2+}、Hg^{2+}、Co^{2+}、Cd^{2+} 等形成无色络合物。如用酸分析其络合物，必须在通风橱中进行
溴酸钾 $KBrO_3$ 167.00	6.9	50		无色晶体，370℃分解。氧化剂，常作为滴定分析的基准物质
氯化钾 KCl 74.55	34.4	56	甲醇 0.54 甘油 6.7	无色晶体，能溶于甘油、醇，不溶于醚和酮
铬酸钾 K_2CrO_4 194.19	63	79		黄色晶体，常作为沉淀剂，鉴定 Pb^{2+}、Ba^{2+} 等
重铬酸钾 $K_2Cr_2O_7$ 294.18	12.5	100		橘红色晶体，常用作氧化剂，易精制得纯品，作滴定分析中的基准物质
氟化钾 KF 58.10	94.9	150 (90℃)	丙酮 2.2	无色晶体或白色粉末，易潮解，水溶液呈碱性。常作为掩蔽剂。遇酸放出 HF，有毒
亚铁氰化钾 $K_4Fe(CN)_6$ 422.39	32.1	76.8	丙酮	黄色晶体，又称黄血盐。与 Fe^{3+} 形成蓝色沉淀，是鉴定 Fe^{3+} 的专属试剂
铁氰化钾 $K_3Fe(CN)_6$ 329.25	42	91.6	丙酮	暗红色晶体，又名赤血盐，加热时分解。遇酸放出 HCN，有毒。水溶液呈黄色，是鉴定 Fe^{2+} 的专属试剂
磷酸二氢钾 KH_2PO_4 136.09	22.6	83.5 (90℃)		无色晶体，易潮解。水溶液的 pH=4.4～4.7，常用来配制缓冲溶液
碘化钾 KI 166.00	144.5	206.7	甲醇 15.1 乙醇 1.88 甘油 50.6 丙酮 2.35	无色晶体，溶于水时吸热。还原剂，能与许多氧化性物质作用析出定量的碘，是碘量法的基本试剂。与空气作用易变为黄色(被氧化为 I_2)而使计量不准
碘酸钾 KIO_3 214.00	8.1	32.3		无色晶体，易吸湿。氧化剂，可作为基准物质
高锰酸钾 $KMnO_4$ 158.03	6.4	25 (65℃)	溶于甲醇、丙酮，与乙醇反应	暗紫色晶体，在酸性、碱性介质中均显强氧化性，是化验中常用的氧化剂。水溶液遇光能缓慢分解，固体在大于 200℃时也分解，故应储于棕色瓶中
硫氰酸钾 KSCN 97.18	217	674	丙酮 20.8 吡啶 6.15	无色晶体，易潮解。是鉴定 Fe^{3+} 的专属试剂，亦可用来作 Fe^{3+} 的比色测定
盐酸羟胺 $NH_2OH \cdot HCl$ 69.49	94.4		甲醇 乙醇	无色透明晶体，强还原剂，又称氯化羟胺

续表

名称[①] 化学式 分子量	溶解度[②]			一般性质
	水 (20℃)	水 (100℃)	有机溶剂 (18～25℃)	
氯化铵 NH_4Cl 53.49	37.2	78.6	甲醇 3.3 乙醇 0.6	无色晶体,水溶液显酸性,是配制氨缓冲溶液的主要试剂。337.8℃分解放出 HCl 和 NH_3
氟化铵 NH_4F 37.04	32.6	118 (80℃)	甲醇	无色固体,易潮解。性质、作用同 KF
硫酸亚铁铵 $(NH_4)_2Fe(SO_4)_2·6H_2O$ 392.12	36.4	71.8 (70℃)		淡绿色晶体,易风化失水。又称莫尔盐。不稳定,易被空气氧化,溶液更易被氧化。为防止 Fe^{2+} 水解,常配成酸性溶液。常作为还原剂
硫酸铁铵 $NH_4Fe(SO_4)_2·12H_2O$ 482.17	124 (25℃)	400		亮紫色透明晶体,又称铁铵矾。易风化失水,230℃时失尽水。测定卤化物的指示剂
钼酸铵 $(NH_4)_2MoO_4$ 196.01				微绿或微黄色晶体,化学式有时写成 $(NH_4)_6Mo_7O_{24}·4H_2O$。加热时分解。为测 P、As 的主要试剂
硝酸铵 NH_4NO_3 80.04	178	1010	甲醇 17.1 乙醇 3.8	白色晶体,溶于水时剧烈吸热,等量 H_2O 与 NH_4NO_3 混合时可使温度降低 15～20℃。210℃时分解。迅速加热或与有机物混合加热时,会引起爆炸
过硫酸铵 $(NH_4)_2S_2O_8$ 228.19	74.8 (15.5℃)			无色晶体,120℃分解。常作为氧化剂,有催化剂共存时,可将 Mn^{2+}、Cr^{3+} 等氧化成高价。水溶液易分解,加热时分解更快。一般是现用现配
硫氰酸铵 NH_4SCN 76.12	170	431 (70℃)	甲醇 59 乙醇 23.5	无色晶体,易潮解,170℃时分解。与 Fe^{3+} 形成血红色物质(量少时显橙色)。有毒
钠 Na 22.99	剧烈反应		与乙醇反应 溶于液态氨	银白色软、轻金属,相对密度为 0.968。与水、乙醇反应,在煤油中保存。暴露在空气中则自燃,遇水则剧烈燃烧、爆炸。常作为有机溶剂的脱水剂
四硼酸钠 $Na_2B_4O_7·10H_2O$ 381.37	4.74	73.9	缓慢溶于甲醇,微溶于乙醇	无色晶体,又名硼砂。60℃时失去 5 个结晶水
乙酸钠 CH_3COONa (简记为 NaAc) 82.03	46.5	170	微溶于乙醇	无色晶体,水溶液呈碱性,常用来配制缓冲溶液
碳酸钠 Na_2CO_3 105.99	21.8	44.7	甘油 98	白色粉末,又名苏打、纯碱。水溶液呈碱性。与 K_2CO_3 按 1∶1 混合,可降低熔点,常作为处理样品时的助熔剂。也常用作酸碱滴定中的基准物质
草酸钠 $Na_2C_2O_4$ 134.00	3.7	6.33		白色固体,稳定,易得纯品。还原剂,常作为基准物质
氯化钠 NaCl 58.44	35.9	39.1	甲醇 1.31 乙醇 0.065 甘油 8.2	无色晶体,稳定,常作基准物质
过氧化钠 Na_2O_2 77.98	反应	反应	与乙醇反应	白色晶体,工业纯为淡黄色。460℃分解。与水反应生成 H_2O_2 与 NaOH,是强氧化剂。易吸潮,应密闭保存

续表

名称① 化学式 分子量	溶解度②			一般性质
	水 (20℃)	水 (100℃)	有机溶剂 (18～25℃)	
亚硫酸钠 Na_2SO_3 126.04	26.1	26.6		无色晶体，遇热分解。还原剂，在干燥空气中较稳定。水溶液呈碱性，易被空气氧化失去还原性
硫代硫酸钠 $Na_2S_2O_3 \cdot 5H_2O$ 248.17	110	384.6		无色结晶，又称海波、大苏打。常温下较稳定，干燥空气中易风化，潮湿空气中易潮解。还原剂，能与 I_2 定量反应，是碘量法中的基本试剂
氯化亚锡 $SnCl_2 \cdot 2H_2O$ 225.65	321.1 (15℃)	∞	乙醇、乙醚、丙酮	白色晶体，强还原剂。溶于水时水解生成 $Sn(OH)_2$，故常配成 HCl 溶液。为防止溶液被氧化，常加几粒金属锡粒

① 表中的化学试剂按化学式英文字母顺序排列。

② 溶解度是指在所标明温度下 100g 溶剂（水、无水有机溶剂）中能溶解试剂的质量（克）。

注：摘自夏玉宇主编．化学实验室手册［M］．第 2 版．北京：化学工业出版社，2008，3.

附录 5 酸、碱和盐溶解性表（20℃）

阳离子＼阴离子	OH^-	NO_3^-	Cl^-	SO_4^{2-}	S^{2-}	CO_3^{2-}	SiO_3^{2-}	PO_4^{3-}
H^+		溶、挥	溶、挥	溶	溶、挥	溶、挥	微	溶
NH_4^+	溶、挥	溶	溶	溶	溶	溶	溶	溶
K^+	溶	溶	溶	溶	溶	溶	溶	溶
Na^+	溶	溶	溶	溶	溶	溶	溶	溶
Ba^{2+}	溶	溶	溶	不	—	不	不	不
Ca^{2+}	微	溶	溶	微	—	不	不	不
Mg^{2+}	不	溶	溶	溶	—	微	不	不
Al^{3+}	不	溶	溶	溶	—	—	不	不
Mn^{2+}	不	溶	溶	溶	不	不	不	不
Zn^{2+}	不	溶	溶	溶	不	不	不	不
Cr^{3+}	不	溶	溶	溶	—	—	不	不
Fe^{2+}	不	溶	溶	溶	不	不	不	不
Fe^{3+}	不	溶	溶	溶	—	—	不	不
Sn^{2+}	不	溶	溶	溶	不	—	—	不
Pb^{2+}	不	溶	微	不	不	不	不	不
Bi^{3+}	不	溶	—	溶	不	不	—	不
Cu^{2+}	不	溶	溶	溶	不	不	不	不
Hg^+	—	溶	不	微	不	不	—	不
Hg^{2+}	—	溶	溶	溶	不	不	—	不
Ag^+	—	溶	不	微	不	不	不	不

注：1.“溶”表示可溶于水，“不”表示不溶于水，“微”表示微溶于水，“挥”表示挥发性，“—”表示该物质不存在或遇到水即分解。

2. 摘自宋毛平，何占航主编．基础化学实验与技术［M］．北京：化学工业出版社，2008，7.

附录 6 常用酸、碱指示剂

指示剂名称	变色范围 pH 值	颜色变化	溶液配制方法
甲基橙	3.1～4.4	红～橙黄	0.1%水溶液
溴酚蓝	3.0～4.6	黄～蓝	0.1g 指示剂溶于 100mL 20%乙醇中
甲基红	4.4～6.2	红～黄	0.1g 指示剂溶于 100mL 60%乙醇中
溴百里酚蓝	6.0～7.6	黄～蓝	0.1g 指示剂溶于 100mL 20%乙醇中
酚红	6.8～8.0	黄～红	0.1g 指示剂溶于 100mL 20%乙醇中
甲酚红	7.2～8.8	亮黄～紫红	0.1g 指示剂溶于 100mL 50%乙醇中
酚酞	8.2～10.0	无色～红	0.1g 指示剂溶于 100mL 60%乙醇中

注：摘自宋毛平，何占航主编．基础化学实验与技术［M］．北京：化学工业出版社，2008，7.

附录7 某些离子和化合物的颜色

离子及化合物	颜色	离子及化合物	颜色
Ag_2O	褐色	$Cr_2O_7^{2-}$	橙色
$AgCl$	白色	$Cr_2(SO_4)_3 \cdot 18H_2O$	紫色
Ag_2CO_3	白色	$Cr_2(SO_4)_3 \cdot 6H_2O$	绿色
Ag_3PO_4	黄色	$Cr_2(SO_4)_3$	桃红色
Ag_2CrO_4	砖红色	$CrCl_3 \cdot 6H_2O$	绿色
$Ag_2C_2O_4$	白色	$[Cr(H_2O)_6]^{2+}$	天蓝色
$AgCN$	白色	$[Cr(H_2O)_6]^{3+}$	蓝紫色
$AgSCN$	白色	CrO_3	橙红色
$Ag_2S_2O_3$	白色	$Cr(OH)_3$	灰绿色
$Ag_4[Fe(CN)_6]$	白色	CrO_4^{2-}	黄色
$AgBr$	淡黄色	CrO_2^-	绿色
AgI	黄色	$Cu_2[Fe(CN)_6]$	红棕色
Ag_2S	黑色	$Cu_2(OH)_2CO_3$	蓝色
Ag_2SO_4	白色	$Cu_2(OH)_2SO_4$	浅蓝色
$Al(OH)_3$	白色	Cu_2O	暗红色
$BaSO_4$	白色	$[CuCl_2]^-$	白色
$BaSO_3$	白色	$[CuCl_4]^{2-}$	黄色
BaS_2O_3	白色	$CuCl$	白色
$BaCO_3$	白色	$[Cu(H_2O)_4]^{2+}$	蓝色
$Ba_3(PO_4)_2$	白色	$[CuI_2]^-$	黄色
$BaCrO_4$	黄色	CuI	白色
BaC_2O_4	白色	$[Cu(NH_3)_4]^{2+}$	深蓝色
$Bi(OH)_3$	黄色	$Cu(OH)_2$	淡蓝色
$Bi(OH)CO_3$	白色	$CuOH$	黄色
$BiO(OH)$	灰黄色	CuO	黑色
$Ca_3(PO_4)_2$	白色	$Cu(SCN)_2$	黑绿色
$CaCO_3$	白色	$CuSO_4 \cdot 5H_2O$	蓝色
$CaHPO_4$	白色	CuS	黑色
$Ca(OH)_2$	白色	Fe_2O_3	砖红色
CaO	白色	Fe_2S_3	黑色
$CaSO_3$	白色	$Fe_2(SiO_3)_3$	棕红色
$CdCO_3$	白色	$Fe_3[Fe(CN)_6]_2$	蓝色
$Cd(OH)_2$	白色	$Fe_4[Fe(CN)_6]_3$	蓝色
CdO	棕灰色	FeC_2O_4	淡黄色
CdS	黄色	$FeCl_3 \cdot 6H_2O$	黄棕色
Co_2O_3	黑色	$[Fe(CN)_6]^{3-}$	红棕色
$CoCl_2 \cdot 2H_2O$	紫红色	$[Fe(CN)_6]^{4-}$	黄色
$[Co(H_2O)_6]^{2+}$	粉红色	$FeCO_3$	白色
$[Co(NH_3)_6]^{2+}$	黄色	$[Fe(H_2O)_6]^{2+}$	浅绿色
$[Co(NH_3)_6]^{3+}$	橙黄色	$[Fe(H_2O)_6]^{3+}$	淡紫色
$Co(OH)_2$	粉红色	$[Fe(NCS)_n]^{3-n}$	血红色
$Co(OH)_3$	褐棕色	$[Fe(NO)]SO_4$	深棕色
$Co(OH)Cl$	蓝色	$Fe(OH)_2$	白色
CoO	灰绿色	$Fe(OH)_3$	红棕色
$[Co(SCN)_4]^{2-}$	蓝色	FeO	黑色
$CoSiO_3$	紫色	$FePO_4$	浅黄色
$CoSO_4 \cdot 7H_2O$	红色	FeS	黑色
CoS	黑色	Hg_2Cl_2	白黄色
Cr_2O_3	绿色	Hg_2I_2	黄色

续表

离子及化合物	颜色	离子及化合物	颜色
$Hg_2(OH)_2CO_3$	红褐色	PbC_2O_4	白色
Hg_2SO_4	白色	$PbCl_2$	白色
HgO	红(黄)色	$PbCO_3$	白色
HgS	红或黑色	$PbCrO_4$	黄色
I_2	紫色	PbI_2	黄色
I_3^-(碘水)	棕黄色	$PbMoO_4$	黄色
$K_2Na[Co(NO_2)_6]$	黄色	PbO_2	棕褐色
$K_3[Co(NO_2)_6]$	黄色	$Pb(OH)_2$	白色
$MgCO_3$	白色	$PbSO_4$	白色
$MgNH_4PO_4$	白色	PbS	黑色
$Mg(OH)_2$	白色	Sb_2O_3	白色
$[Mn(H_2O)_6]^{2+}$	浅红色	Sb_2O_5	淡黄色
MnO_2	棕色	SbI_3	黄色
$Mn(OH)_2$	白色	SbOCl	白色
MnO_4^{2-}	绿色	$Sb(OH)_3$	白色
MnO_4^-	紫红色	$Sn(OH)_4$	白色
$MnSiO_3$	肉色	Sn(OH)Cl	白色
MnS	肉色	SnS_2	黄色
$Na_2[Fe(CN)_5NO]\cdot 2H_2O$	红色	SnS	棕色
$NaAc\cdot Zn(Ac)_2\cdot 3UO_2(Ac)_2\cdot 9H_2O$	黄色	$TiCl_3\cdot 6H_2O$	紫或绿色
$NaBiO_3$	黄棕色	$[Ti(H_2O)_6]$	紫色
$Na[Sb(OH)_6]$	白色	TiO_2^{2+}	橙红色
$(NH_4)_2Fe(SO_4)_2\cdot 12H_2O$	浅紫色	V_2O_5	红棕、橙色
$(NH_4)_2Fe(SO_4)_2\cdot 6H_2O$	蓝绿色	$[V(H_2O)_6]^{2+}$	蓝紫色
$(NH_4)_2Na[CO(NO_2)_6]$	黄色	$[V(H_2O)_6]^{3+}$	绿色
$(NH_4)_3PO_4\cdot 12MoO_3\cdot 6H_2O$	黄色	VO_2^+	黄色
$Ni(CN)_2$	浅绿色	VO^{2+}	蓝色
$[Ni(H_2O)_6]^{2+}$	亮绿色	VO_2	深蓝色
$[Ni(NH_3)_6]^{2+}$	蓝色	ZnO	白色
$Ni(OH)_2$	淡绿色	$Zn(OH)_2$	白色
$Ni(OH)_3$	黑色	ZnS	白色
NiO	暗绿色	$Zn_2(OH)_2CO_3$	白色
$NiSiO_3$	翠绿色	ZnC_2O_4	白色
NiS	黑色	$ZnSiO_3$	白色
Pb_3O_4	红色	$Zn_2[Fe(CN)_6]$	白色
$PbBr_2$	白色	$Zn_3[Fe(CN)_6]_2$	黄褐色

注：摘自宋毛平，何占航主编．基础化学实验与技术［M］．北京：化学工业出版社，2008，7.

附录 8　常见阴、阳离子的鉴定方法

离子	鉴定方法	备注
Ag^+	取 2 滴试液，加 2 滴 2mol/L HCl，若产生沉淀，离心分离，向沉淀中加入 6mol/L $NH_3\cdot H_2O$ 使沉淀溶解，再加 6mol/L HNO_3 酸化，白色沉淀又出现	
Al^{3+}	(1)取 2 滴试液，加入 2 滴铝试剂，微热，有红色沉淀 (2)取 1 滴试液于滤纸片上，将滤纸片放在浓氨水瓶口上方熏 1min，滴加 1 滴茜素红的乙醇饱和溶液，用小火烘干，有红色斑点	反应在微碱性条件下进行
Ba^{2+}	在试液中加入 0.2mol/L K_2CrO_4 溶液，生成黄色的 $BaCrO_4$ 沉淀	Pb^{2+}、Sr^{2+} 对 Ba^{2+} 的鉴定有干扰
Bi^{3+}	(1)$BiCl_3$ 溶液稀释，可生成白色 BiOCl 沉淀，示有 Bi^{3+} (2)取 2 滴试液，加入 2 滴 0.2mol/L $SnCl_2$ 溶液和数滴 2mol/L NaOH 溶液，使溶液显碱性。观察有无黑色金属 Bi 沉淀出现 $2Bi(OH)_3+3SnO_2^{2-} = 2Bi+3SnO_3^{2-}+3H_2O$	

续表

离子	鉴定方法	备注
Ca^{2+}	试液中加入饱和$(NH_4)_2C_2O_4$溶液，有白色CaC_2O_4沉淀生成	中性或微碱性条件下Sr^{3+}、Bi^{2+}也有同样现象
Cd^{2+}	取2滴试液加入Na_2S溶液，产生黄色CdS沉淀	
Co^{2+}	取5滴试液，加入0.5mL丙酮，再加入1mol/L NH_4SCN，溶液显蓝色	Fe^{3+}干扰，要先加入F^-生成无色$[FeF_6]^{3-}$
Cr^{3+}	(1)取2滴试液，加入4滴2mol/L NaOH溶液和2滴3% H_2O_2溶液，加热，溶液颜色由绿变黄，示有Cr^{3+}。继续加热，至过量的H_2O_2完全分解，冷却，用6mol/L HAc酸化，再加入2滴0.1mol/L $Pb(NO_3)_2$溶液，生成黄色$PbCrO_4$沉淀 (2)得到CrO_4^{2-}后赶去过量H_2O_2，HNO_3酸化，加入数滴乙醚和3% H_2O_2，乙醚层显蓝色	$Cr_2O_7^{2-}+4H_2O_2+2H^+ \longrightarrow 2CrO_5$（蓝色）$+5H_2O$
Cu^{2+}	(1)取1滴试液放在点滴板上，加1滴$K_4[Fe(CN)_6]$溶液，有红棕色沉淀出现 (2)取5滴试液，加入过量的$NH_3 \cdot H_2O$，溶液变为深蓝色	沉淀不溶于稀酸，但溶于碱
Fe^{3+}	(1)取2滴试液加入2滴NH_4SCN溶液，生成血红色$[Fe(SCN)_x]^{3-x}$ (2)取1滴试液放在点滴板上，加1滴$K_4[Fe(CN)_6]$溶液，有蓝色沉淀出现	
Hg^{2+}	取2滴试液，加入过量的$SnCl_2$溶液，$SnCl_2$首先与$HgCl_2$生成白色Hg_2Cl_2沉淀，过量的$SnCl_2$将Hg_2Cl_2进一步还原成金属汞 $2HgCl_2+Sn^{2+} \longrightarrow Sn^{4+}+Hg_2Cl_2\downarrow+2Cl^-$ $Hg_2Cl_2+Sn^{2+} \longrightarrow Sn^{4+}+2Hg\downarrow+2Cl^-$	
K^+	钴亚硝酸钠$Na_3[Co(NO_2)_6]$与钾盐生成黄色$K_2Na[Co(NO_2)_6]$沉淀，反应可在点滴板上进行	强碱可将试剂分解生成$Co(OH)_3$沉淀，强碱促进沉淀溶解
Mg^{2+}	取5滴试液，加2滴镁试剂，再加入NaOH使溶液呈碱性，溶液颜色由红紫色变为蓝色或产生蓝色沉淀	镍、钴、镉的氢氧化物与镁试剂作用，干扰镁的鉴定
Mn^{2+}	取1滴试液，加入数滴6mol/L HNO_3溶液，再加入$NaBiO_3$固体，溶液变为紫红色	
Na^+	取1滴试液加2滴醋酸铀酰锌，用玻璃棒摩擦试管壁，淡黄色结晶状醋酸铀酰锌钠$[NaCH_3COO \cdot Zn(CH_3COO) \cdot 3UO_2(CH_3COO)_2 \cdot 9H_2O]$沉淀出现	应在中性或乙酸酸性中进行
NH_4^+	(1)在表面皿上加5滴试液，再加5滴6mol/L NaOH，立刻把另一凹面贴有湿润红色石蕊试纸或pH试纸的表面皿盖上，水浴加热，试纸显碱性 (2)取1滴试液放在点滴板上，加2滴奈斯特试剂($K_2[HgI_4]$与KOH的混合物)，生成红棕色沉淀	NH_4^+含量少时，得到黄色溶液
Ni^{2+}	取2滴试液加入2滴丁二肟和1滴稀氨水，生成红色沉淀	溶液的pH值在5～10之间
Pb^{2+}	取2滴试液，加入2滴0.16mol/L K_2CrO_4，有黄色$PbCrO_4$生成	沉淀易溶于强碱，不溶于HAc和氨水
Sb^{3+}	取2滴试液，加入0.4g $Na_2S_2O_3$固体，水浴加热，有橙红色Sb_2OS_2沉淀出现，证明Sb^{3+}的存在	溶液的酸性过强，会使试剂分解，应控制pH≈6
Sn^{4+} Sn^{2+}	(1)在试液中加入铝丝或铁粉，稍加热，反应2min，试液中若有Sn^{4+}，则被还原为Sn^{2+}，再加2滴6mol/L HCl，鉴定按(2)进行 (2)取2滴Sn^{2+}试液，加1滴0.1mol/L $HgCl_2$溶液，首先生成白色Hg_2Cl_2沉淀，继而生成黑色Hg沉淀	
Zn^{2+}	取1滴试液，加入1滴二苯硫代卡巴腙(双硫腙)的四氯化碳溶液，振荡，溶液由绿色变为紫红色	
Br^-	取2滴试液，加入数滴CCl_4溶液，滴加氯水，振荡，有机层显红棕色	加氯水过量，生成BrCl，使有机层显淡黄色
Cl^-	取2滴试液，加入1滴2mol/L HNO_3和2滴0.1mol/L $AgNO_3$溶液，生成白色沉淀。沉淀溶于6mol/L $NH_3 \cdot H_2O$，再用6mol/L HNO_3酸化，白色沉淀又出现	

续表

离子	鉴定方法	备注
I^-	取 2 滴试液，加入数滴 CCl_4 溶液，滴加氯水，振荡，有机层显紫色	过量氯水将 I_2 氧化为 IO_3^-，有机层紫色褪去
$S_2O_3^{2-}$	取 5 滴试液，加入 1mol/L HCl，微热，生成白色或淡黄色沉淀	
SO_4^{2-}	取 3 滴试液，加 6mol/L HCl 酸化，再加入 0.1mol/L $BaCl_2$ 溶液，有白色 $BaSO_4$ 沉淀析出	
SO_3^{2-}	(1)取 3 滴试液，加入数滴 2mol/L HCl 和 0.1mol/L $BaCl_2$，再滴加 3% H_2O_2 生成白色沉淀 (2)在点滴板上放 1 滴品红溶液，加 1 滴中性试液，SO_3^{2-} 可使溶液呈褪色。若试液为酸性，需先用 $NaHCO_3$ 中和，碱性试液可通入 CO_2	
NO_3^-	取 1 滴试液放在点滴板上，加 $FeSO_4$ 固体和浓硫酸，在 $FeSO_4$ 晶体周围出现棕色环	
NO_2^-	取 1 滴试液加几滴 6mol/L HAc，再加 1 滴对氨基苯磺酸和 1 滴 α-萘胺，溶液呈粉红色	
$C_2O_4^{2-}$	取少量试液，在碱性条件下，加入 0.1mol/L $CaCl_2$，出现白色沉淀	
PO_4^{3-}	取 2 滴试液，加入 5 滴浓硝酸、10 滴饱和钼酸铵，有黄色沉淀产生，示有 PO_4^{3-}	

注：摘自宋毛平，何占航主编．基础化学实验与技术［M］．北京：化学工业出版社，2008，7.

附录 9　常见化合物的名称及化学式

化合物学名	别　名	化学式	结构式
碳酸钡		$BaCO_3$	
氯化钡		$BaCl_2$	
四氯化碳	四氯甲烷，全氯甲烷	CCl_4	
乙醇	酒精，羟基乙烷	CH_3CH_2OH	
乙酸	醋酸，冰醋酸，冰乙酸	CH_3COOH	$H_3C-C(=O)-OH$
乙酸钙	醋酸钙	$(CH_3COO)_2Ca\cdot H_2O$	
草酸	乙二酸	HOOCCOOH	COOH—COOH
水杨酸	邻羟基苯甲酸，2-羟基苯甲酸，2-羟基安息香酸	$C_7H_6O_3$	(苯环，COOH，OH)
苯酚	石炭酸	C_6H_5OH	(苯环，OH)
硬脂酸	十八烷酸，十八酸，十八碳烷酸	$C_{18}H_{36}O_2$	(碳链，OH，O)
淀粉		$(C_6H_{10}O_5)_n$	
氯化钴	氯化亚钴	$CoCl_2\cdot 6H_2O$	

续表

化合物学名	别 名	化学式	结构式
氯化铁	三氯化铁	$FeCl_3$	
硫酸铁		$Fe_2(SO_4)_3$	
硫酸亚铁	绿矾，铁矾	$FeSO_4 \cdot 7H_2O$	
硫酸		H_2SO_4	
盐酸	氢氯酸	HCl	
硝酸	硝镪水	HNO_3	
过氧化氢	双氧水	H_2O_2	
碘		I_2	
重铬酸钾	红矾钾	$K_2Cr_2O_7$	
铁氰化钾	赤血盐，赤血盐钾	$K_3Fe(CN)_6$	
亚铁氰化钾	黄血盐，六氰络铁(Ⅱ)酸钾，黄血盐钾	$K_4Fe(CN)_6 \cdot 3H_2O$	
邻苯二甲酸氢钾		$KHC_8H_4O_4$	(苯环邻位 COOH、COOK)
碘化钾		KI	
高锰酸钾	灰锰氧	$KMnO_4$	
硫氰化钾	硫氰酸钾	KSCN	
硼砂	四硼酸钠，十水四硼酸钠，硼酸钠，月石砂	$Na_2B_4O_7 \cdot 10H_2O$	
氯化钠		NaCl	
碳酸钠	纯碱，苏打	Na_2CO_3	
硝酸钠	智利硝石	$NaNO_3$	
亚硝酸钠		$NaNO_2$	
氢氧化钠	烧碱，火碱，苛性钠	NaOH	
硫酸钠	元明粉，无水芒硝	Na_2SO_4	
甲基橙	4-[[4-(二甲氨基)苯基]偶氮基]苯磺酸钠，对二甲氨基偶氮苯磺酸钠，金莲橙 D，半日花素 B	$C_{14}H_{14}N_3SO_3Na$	$(H_3C)_2N-C_6H_4-N=N-C_6H_4-CO_3Na$
氨水		$NH_3 \cdot H_2O$	
硝酸铵	硝铵	NH_4NO_3	
草酸铵		$(NH_4)_2C_2O_4$	$COONH_4$—$COONH_4 \cdot H_2O$
酚酞	3，3-双(4-羟苯基)-1(3*H*)-异苯并呋喃酮	$C_{20}H_{14}O_4$	(结构式：异苯并呋喃酮环，3位连两个对羟苯基，OH)

注：表中的化合物按化学式英文字母顺序排列。

元素周期表

IUPAC 2013

95 Am 镅▲ $5f^{7}7s^{2}$ 243.06138(2)✦ (+2 +3 +4 +5 +6)	说明
+2 +3 +4 +5 +6	氧化态(单质的氧化态为0，未列入；常见的为红色)
95	原子序数
Am	元素符号(红色的为放射性元素)
镅▲	元素名称(注▲的为人造元素)
$5f^{7}7s^{2}$	价层电子构型
243.06138(2)✦	以 ^{12}C=12为基准的原子量(注✦的是半衰期最长同位素的原子量)

s区元素　p区元素　d区元素　ds区元素　f区元素　稀有气体

周期＼族	1 ⅠA	2 ⅡA	3 ⅢB	4 ⅣB	5 ⅤB	6 ⅥB	7 ⅦB	8 ⅧB(Ⅷ)	9 ⅧB(Ⅷ)	10 ⅧB(Ⅷ)	11 ⅠB	12 ⅡB	13 ⅢA	14 ⅣA	15 ⅤA	16 ⅥA	17 ⅦA	18 ⅧA(0)	电子层
1	−1 +1 1 **H** 氢 $1s^{1}$ 1.008																	2 **He** 氦 $1s^{2}$ 4.002602(2)	K
2	+1 3 **Li** 锂 $2s^{1}$ 6.94	+2 4 **Be** 铍 $2s^{2}$ 9.0121831(5)											+3 5 **B** 硼 $2s^{2}2p^{1}$ 10.81	−4 +2 +4 6 **C** 碳 $2s^{2}2p^{2}$ 12.011	−3 −2 −1 +1 +2 +3 +4 +5 7 **N** 氮 $2s^{2}2p^{3}$ 14.007	−2 −1 8 **O** 氧 $2s^{2}2p^{4}$ 15.999	−1 9 **F** 氟 $2s^{2}2p^{5}$ 18.998403163(6)	10 **Ne** 氖 $2s^{2}2p^{6}$ 20.1797(6)	L K
3	−1 +1 11 **Na** 钠 $3s^{1}$ 22.98976928(2)	+2 12 **Mg** 镁 $3s^{2}$ 24.305											+3 13 **Al** 铝 $3s^{2}3p^{1}$ 26.9815385(7)	−4 +2 +4 14 **Si** 硅 $3s^{2}3p^{2}$ 28.085	−3 −2 +1 +3 +5 15 **P** 磷 $3s^{2}3p^{3}$ 30.973761998(5)	−2 +2 +4 +6 16 **S** 硫 $3s^{2}3p^{4}$ 32.06	−1 +1 +3 +5 +7 17 **Cl** 氯 $3s^{2}3p^{5}$ 35.45	18 **Ar** 氩 $3s^{2}3p^{6}$ 39.948(1)	M L K
4	−1 +1 19 **K** 钾 $4s^{1}$ 39.0983(1)	+2 20 **Ca** 钙 $4s^{2}$ 40.078(4)	+3 21 **Sc** 钪 $3d^{1}4s^{2}$ 44.955908(5)	−1 0 +2 +3 +4 22 **Ti** 钛 $3d^{2}4s^{2}$ 47.867(1)	0 ±1 +2 +3 +4 +5 23 **V** 钒 $3d^{3}4s^{2}$ 50.9415(1)	−3 0 ±1 ±2 +3 +4 +5 +6 24 **Cr** 铬 $3d^{5}4s^{1}$ 51.9961(6)	−2 0 ±1 +2 ±3 +4 +5 +6 +7 25 **Mn** 锰 $3d^{5}4s^{2}$ 54.938044(3)	−2 0 ±1 +2 +3 +4 +5 +6 26 **Fe** 铁 $3d^{6}4s^{2}$ 55.845(2)	0 ±1 +2 +3 +4 +5 27 **Co** 钴 $3d^{7}4s^{2}$ 58.933194(4)	0 ±1 +2 +3 +4 28 **Ni** 镍 $3d^{8}4s^{2}$ 58.6934(4)	+1 +2 +3 +4 29 **Cu** 铜 $3d^{10}4s^{1}$ 63.546(3)	+1 +2 30 **Zn** 锌 $3d^{10}4s^{2}$ 65.38(2)	+1 +3 31 **Ga** 镓 $4s^{2}4p^{1}$ 69.723(1)	+2 +4 32 **Ge** 锗 $4s^{2}4p^{2}$ 72.630(8)	−3 +3 +5 33 **As** 砷 $4s^{2}4p^{3}$ 74.921595(6)	−2 +2 +4 +6 34 **Se** 硒 $4s^{2}4p^{4}$ 78.971(8)	−1 +1 +3 +5 +7 35 **Br** 溴 $4s^{2}4p^{5}$ 79.904	+2 +4 36 **Kr** 氪 $4s^{2}4p^{6}$ 83.798(2)	N M L K
5	−1 +1 37 **Rb** 铷 $5s^{1}$ 85.4678(3)	+2 38 **Sr** 锶 $5s^{2}$ 87.62(1)	+3 39 **Y** 钇 $4d^{1}5s^{2}$ 88.90584(2)	+1 +2 +3 +4 40 **Zr** 锆 $4d^{2}5s^{2}$ 91.224(2)	0 ±1 +2 +3 +4 +5 41 **Nb** 铌 $4d^{4}5s^{1}$ 92.90637(2)	0 ±1 ±2 +3 +4 +5 +6 42 **Mo** 钼 $4d^{5}5s^{1}$ 95.95(1)	0 ±1 +2 +3 +4 +5 +6 +7 43 **Tc** 锝▲ $4d^{5}5s^{2}$ 97.90721(3)✦	0 +1 ±2 +3 +4 +5 +6 +7 +8 44 **Ru** 钌 $4d^{7}5s^{1}$ 101.07(2)	0 ±1 +2 +3 +4 +5 +6 45 **Rh** 铑 $4d^{8}5s^{1}$ 102.90550(2)	0 +1 +2 +3 +4 46 **Pd** 钯 $4d^{10}$ 106.42(1)	+1 +2 +3 47 **Ag** 银 $4d^{10}5s^{1}$ 107.8682(2)	+1 +2 48 **Cd** 镉 $4d^{10}5s^{2}$ 112.414(4)	+1 +3 49 **In** 铟 $5s^{2}5p^{1}$ 114.818(1)	+2 +4 50 **Sn** 锡 $5s^{2}5p^{2}$ 118.710(7)	−3 +3 +5 51 **Sb** 锑 $5s^{2}5p^{3}$ 121.760(1)	−2 +2 +4 +6 52 **Te** 碲 $5s^{2}5p^{4}$ 127.60(3)	−1 +1 +3 +5 +7 53 **I** 碘 $5s^{2}5p^{5}$ 126.90447(3)	+2 +4 +6 +8 54 **Xe** 氙 $5s^{2}5p^{6}$ 131.293(6)	O N M L K
6	−1 +1 55 **Cs** 铯 $6s^{1}$ 132.90545196(6)	+2 56 **Ba** 钡 $6s^{2}$ 137.327(7)	57~71 **La~Lu** 镧系	+1 +2 +3 +4 72 **Hf** 铪 $5d^{2}6s^{2}$ 178.49(2)	0 ±1 +2 +3 +4 +5 73 **Ta** 钽 $5d^{3}6s^{2}$ 180.94788(2)	0 ±1 ±2 +3 +4 +5 +6 74 **W** 钨 $5d^{4}6s^{2}$ 183.84(1)	0 ±1 +2 +3 +4 +5 +6 +7 75 **Re** 铼 $5d^{5}6s^{2}$ 186.207(1)	0 +1 +2 +3 +4 +5 +6 +7 +8 76 **Os** 锇 $5d^{6}6s^{2}$ 190.23(3)	0 ±1 +2 +3 +4 +5 +6 77 **Ir** 铱 $5d^{7}6s^{2}$ 192.217(3)	0 +2 +3 +4 +5 +6 78 **Pt** 铂 $5d^{9}6s^{1}$ 195.084(9)	+1 +2 +3 +5 79 **Au** 金 $5d^{10}6s^{1}$ 196.966569(5)	+1 +2 +3 80 **Hg** 汞 $5d^{10}6s^{2}$ 200.592(3)	+1 +3 81 **Tl** 铊 $6s^{2}6p^{1}$ 204.38	+2 +4 82 **Pb** 铅 $6s^{2}6p^{2}$ 207.2(1)	−3 +3 +5 83 **Bi** 铋 $6s^{2}6p^{3}$ 208.98040(1)	−2 +2 +4 +6 84 **Po** 钋 $6s^{2}6p^{4}$ 208.98243(2)✦	±1 +5 +7 85 **At** 砹 $6s^{2}6p^{5}$ 209.98715(5)✦	+2 86 **Rn** 氡 $6s^{2}6p^{6}$ 222.01758(2)✦	P O N M L K
7	+1 87 **Fr** 钫▲ $7s^{1}$ 223.01974(2)✦	+2 88 **Ra** 镭 $7s^{2}$ 226.02541(2)✦	89~103 **Ac~Lr** 锕系	104 **Rf** 𬬻▲ $6d^{2}7s^{2}$ 267.122(4)✦	105 **Db** 𬭊▲ $6d^{3}7s^{2}$ 270.131(4)✦	106 **Sg** 𬭳▲ $6d^{4}7s^{2}$ 269.129(3)✦	107 **Bh** 𬭛▲ $6d^{5}7s^{2}$ 270.133(2)✦	108 **Hs** 𬭶▲ $6d^{6}7s^{2}$ 270.134(2)✦	109 **Mt** 鿏▲ $6d^{7}7s^{2}$ 278.156(5)✦	110 **Ds** 𫟼▲ 281.165(4)✦	111 **Rg** 𬬭▲ 281.166(6)✦	112 **Cn** 鿔▲ 285.177(4)✦	113 **Nh** 鿭▲ 286.182(5)✦	114 **Fl** 𫓧▲ 289.190(4)✦	115 **Mc** 镆▲ 289.194(6)✦	116 **Lv** 𫟷▲ 293.204(4)✦	117 **Ts** 鿬▲ 293.208(6)✦	118 **Og** 鿫▲ 294.214(5)✦	Q P O N M L K

★ 镧系	+3 57 **La**★ 镧 $5d^{1}6s^{2}$ 138.90547(7)	+2 +3 +4 58 **Ce** 铈 $4f^{1}5d^{1}6s^{2}$ 140.116(1)	+3 +4 59 **Pr** 镨 $4f^{3}6s^{2}$ 140.90766(2)	+2 +3 +4 60 **Nd** 钕 $4f^{4}6s^{2}$ 144.242(3)	+3 61 **Pm** 钷▲ $4f^{5}6s^{2}$ 144.91276(2)✦	+2 +3 62 **Sm** 钐 $4f^{6}6s^{2}$ 150.36(2)	+2 +3 63 **Eu** 铕 $4f^{7}6s^{2}$ 151.964(1)	+3 64 **Gd** 钆 $4f^{7}5d^{1}6s^{2}$ 157.25(3)	+3 +4 65 **Tb** 铽 $4f^{9}6s^{2}$ 158.92535(2)	+3 +4 66 **Dy** 镝 $4f^{10}6s^{2}$ 162.500(1)	+3 67 **Ho** 钬 $4f^{11}6s^{2}$ 164.93033(2)	+3 68 **Er** 铒 $4f^{12}6s^{2}$ 167.259(3)	+2 +3 69 **Tm** 铥 $4f^{13}6s^{2}$ 168.93422(2)	+2 +3 70 **Yb** 镱 $4f^{14}6s^{2}$ 173.045(10)	+3 71 **Lu** 镥 $4f^{14}5d^{1}6s^{2}$ 174.9668(1)
★ 锕系	+3 89 **Ac**★ 锕 $6d^{1}7s^{2}$ 227.02775(2)✦	+3 +4 90 **Th** 钍 $6d^{2}7s^{2}$ 232.0377(4)	+3 +4 +5 91 **Pa** 镤 $5f^{2}6d^{1}7s^{2}$ 231.03588(2)	+2 +3 +4 +5 +6 92 **U** 铀 $5f^{3}6d^{1}7s^{2}$ 238.02891(3)	+3 +4 +5 +6 +7 93 **Np** 镎 $5f^{4}6d^{1}7s^{2}$ 237.04817(2)✦	+3 +4 +5 +6 +7 94 **Pu** 钚 $5f^{6}7s^{2}$ 244.06421(4)✦	+2 +3 +4 +5 +6 95 **Am** 镅▲ $5f^{7}7s^{2}$ 243.06138(2)✦	+3 +4 96 **Cm** 锔▲ $5f^{7}6d^{1}7s^{2}$ 247.07035(3)✦	+3 +4 97 **Bk** 锫▲ $5f^{9}7s^{2}$ 247.07031(4)✦	+2 +3 +4 98 **Cf** 锎▲ $5f^{10}7s^{2}$ 251.07959(3)✦	+2 +3 99 **Es** 锿▲ $5f^{11}7s^{2}$ 252.0830(3)✦	+2 +3 100 **Fm** 镄▲ $5f^{12}7s^{2}$ 257.09511(5)✦	+2 +3 101 **Md** 钔▲ $5f^{13}7s^{2}$ 258.09843(3)✦	+2 +3 102 **No** 锘▲ $5f^{14}7s^{2}$ 259.1010(7)✦	+3 103 **Lr** 铹▲ $5f^{14}6d^{1}7s^{2}$ 262.110(2)✦